哥特建筑与雕塑装饰艺术

装饰艺术

第 1 卷

甄影博　曹峻川　编译

[英] 奥古斯都·韦尔比·普金　绘

前言

公元第二个千年开端不久，在诺曼王朝即将上台的前夕，英国的宗教建筑逐渐转变为后来在诺曼王朝中的独特样式，即我们现在所定义的"盎格鲁－诺曼"风格。这种风格最初由"忏悔者"爱德华介绍到英国，或者说是由卡纽特大帝，然后通过他们应用于自己领地中大量的教堂建设中。可以说，在诺曼王朝统治下迅速发展的教堂建筑，实际上在王朝来临之前就已经建立了相当完善的体系。盎格鲁－诺曼建筑的建筑师们竭尽所能，使其风格更加完美，从现存的一些建筑便可见一斑。尽管它们发展得如此之好，但建筑如同陆地上其他事物一样不能长久稳定。如我们所见，一种建筑形式或样式，一旦到达其成熟期就会或多或少被其他的建筑形式和样式所取代，这是一种潜在的规则。但是全然不顾这种潜在规则的影响，盎格鲁－诺曼王朝保留了大量古代传统建筑来宣称其永久的建立。低矮、笨重的比例，沉重且自承重的墙体，矩形的叠内拱，方形的柱顶板及柱础，以及严格说来肤浅的装饰——所有这些似乎都在诉说着一种从罗马退化到古罗马式的"宏伟"样式，而非真正从自身土壤中发展起来的伟大样式——中世纪的建筑准备用古代建筑的标准来衡量自身的力量。同时，在盎格鲁－诺曼时期，基督教迅速发展，大量的教堂建筑欠缺，仅有一些巴西利卡式的建筑——它们在不久后就由于异教徒的起源而被移除，尽管巴西利卡自身不是异教的。因此，在回顾盎格鲁－诺曼建筑的最终结束和及盎格鲁－哥特建筑建筑样式完全建立之间这段时期时，人们更多沉浸在过去的建筑样式中而不是追寻一种卓越的替代者。经历这段关于建筑样式的挣扎之后，新建筑样式的基本元素开始与旧的建筑特征相融合，哥特建筑逐渐获得了一种特定的形式，它更加明亮、深邃宽敞及高贵，相比于早期的英国样式，随即便展现出其优越性。

《哥特建筑手册》的作者曾评述到："这种样式如此优美，自身十分完美，或许可以想象在任何的历史时期或者地方能有与其并驾齐驱的建筑样式，或者建造其的匠人和说服各个教堂的智者没能做到这一点，未来的后代也不能看待能与其媲美的建筑。"

亨利三世（1207年—1272年）统治后期，哥特建筑在细部及组合方式上出现了一些新奇的方式。被所在墙体清晰分隔并由连续的披水石及披水饰结合在一起的尖顶窗，由大尺度并被竖框分隔成多个窗扇的窗户所取代；竖框的引入使得以丰富的几何形体布满窗户的花格窗饰也随之产生。线脚上粗的凸起与深的凹槽之间的交替让步于更加丰富和优美曲折的新组合方式；小柱子不再分散布置或者被捆绑成束，反而是更加坚实地连在一起；卷叶形花饰作为人们最喜爱的哥特装饰，更多地从自然树木及植物中吸取元素；不同于从一簇向上伸展的茎中伸出的波浪状三叶饰，几片叶子更趋向于一种环绕的形式，然后包围它们所附着的物体。更加丰富和更具差异性的装饰也从少数哥特建筑中往外蔓延，赋予哥特式建筑更加精巧的层次性。

如此哥特建筑逐渐从早期的英国样式进入到盛装哥特样式——也是最为人称赞的样式——与爱德华时代一起形成的完美的盎格鲁－哥特艺术。随着这种样式的发展，一些特征的差异性更加显著，同时，相对于早期对于几何形式精确性的追求，现在的哥特艺术更加倾向于优美的波浪状流动线条。

出现在早期英国哥特样式中的空间上垂直性的趋势与盎格鲁－诺曼时期罗马式的水平延展的样式产生强烈对比。在盛装哥特样式中，主要的结构线条形成一种锥形边缘，而非垂直或水平的。为了在这个基本规则下实现这一系列变化，盎格鲁－哥特样式第三个清晰的时期的特征便是由垂直线条以及与其正交的同等重要的线条所界定的。这个最新的华美样式，因其线条的突出地位而被命名为垂直哥特式，逐渐取代了盛装哥特样式。就像作为一个更加成熟的样式，盛装哥特由于其精美及和谐的丰富性逐渐替代早期英国的哥特样式一样。作为一种新的样式，垂直哥特式建筑暂时保留了部分之前样式的特征，并与其自身特殊的特征相结合：作为垂直哥特式的第一个时期，也想要达到盛装哥特式的壮美，但用太高的赞美来评价是很困难的。然而，随着都铎式建筑中平坦拱的出现，更加丰富多样和细致的嵌板及其它装饰也随之诞生，这也清晰表明了这个时代在建筑品味上的衰退。而建筑历史中的一次后退往往是致命的。

因此，中世纪的教堂建筑尽管在衰退，但整体还是很壮美，由扇形花格饰布满的拱顶频繁出现在最后几个伟大的作品中——之后，建筑史中长时间的衰退时代就来临了。

甄影博　曹峻川

目　录

第 *1* 章

哥特式建筑细节及名称

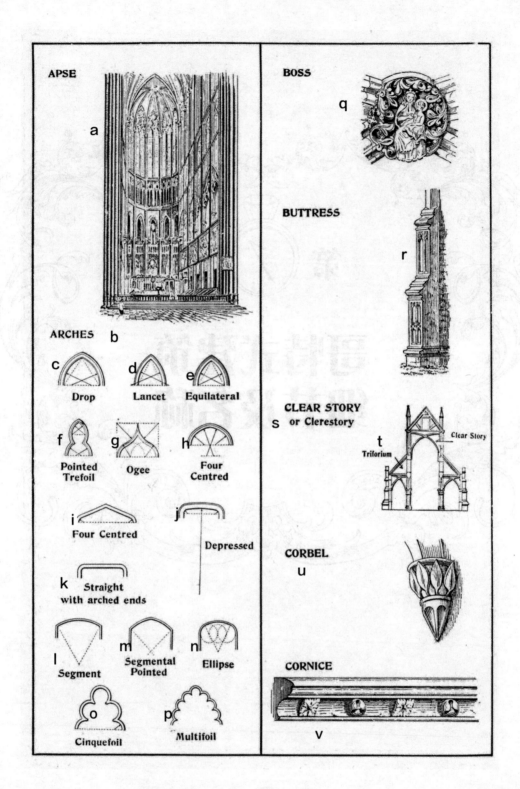

a. 半圆形后殿　b. 拱　c. 平圆拱　d. 尖拱　e. 等边拱　f. 尖顶三叶拱　g. 葱形拱　h. 四心拱　i. 四心挑尖拱 j. 平坦拱　k. 末端带拱的直拱　l. 弓形拱　m. 弓形尖拱　n. 椭圆拱　o. 五瓣形拱　p. 多叶拱　q. 凸饰　r. 扶 壁　s. 纵向高窗　t. 拱门上面的拱廊　u. 托臂　v. 檐口

a.卷叶形花饰(叶形饰的 ） b.尖头   c.尖顶饰   d.焰式窗格   e.飞扶壁   f.山墙   g.滴水嘴   h.线脚   i.早期英国   j.盛装哥特式   k.垂直哥特式   l.齿形装饰（早期英国） m.花球装饰（盛装哥特式）

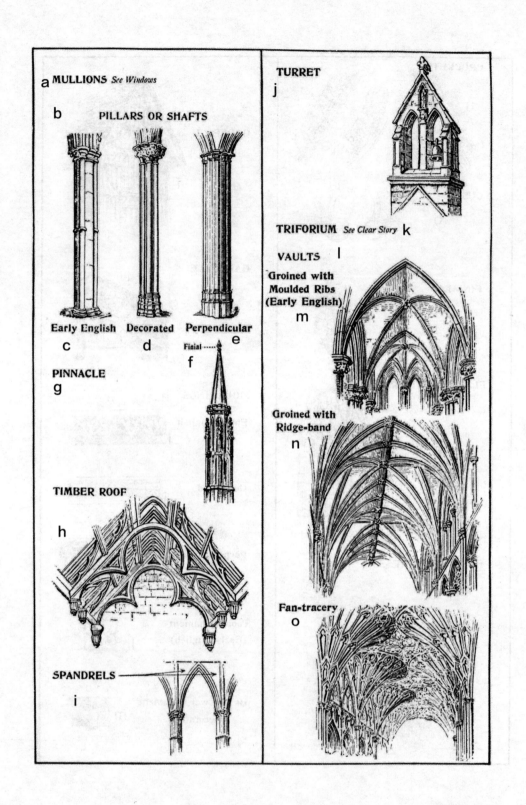

a. 竖框　b. 柱子　c. 早期英国　d. 盛装哥特式　e. 垂直哥特式　f. 小尖塔　g. 尖顶饰　h. 木屋顶　i. 拱肩　j. 塔楼　k. 拱门上面的拱廊　l. 拱顶　m. 有带线脚肋的拱顶（早期英国）　n. 带脊架的拱顶　o. 扇形格式穹顶

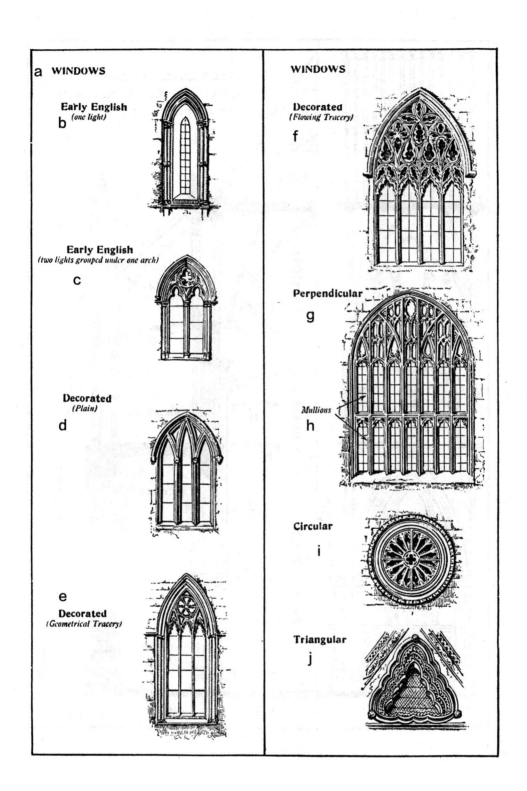

a.窗户　b.早期英国（一个窗格）　c.早期英国（一个拱下两个窗格）　d.盛装哥特式（简单的）　e.几何形窗饰　f.流线形窗花格　g.垂直哥特式　h.竖框　i.圆形　j.三角形

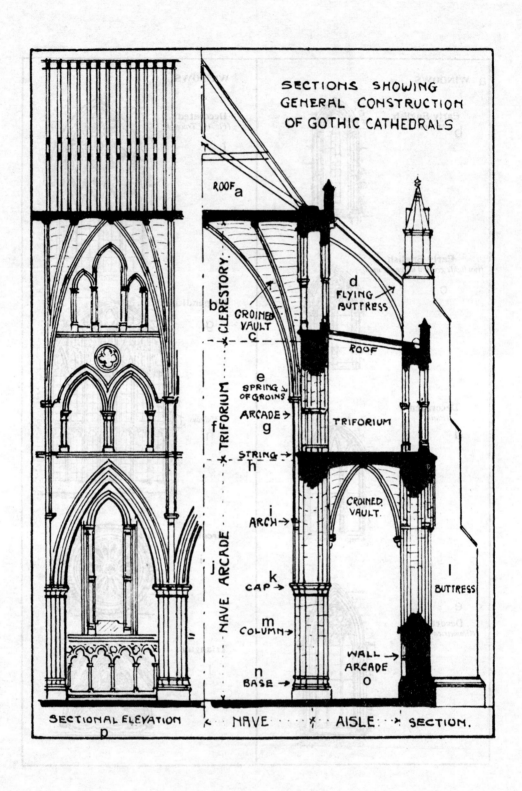

SECTIONS SHOWING GENERAL CONSTRUCTION OF GOTHIC CATHEDRALS

展示一般哥特建筑构造的剖面： a.屋顶 b.高窗 c.交叉拱 d.飞扶壁 e.拱顶起拱点 f.拱门上拱廊 g.拱廊 h.束带层 i.拱 j.中殿拱廊 k.柱头 l.扶壁 m.柱子 n.柱础 o.实心连拱廊 p.剖立面

盾形徽章

第 2 章

欧洲各国哥特式建筑概貌

Paul Limon.

鲁昂大教堂　法国滨海塞纳省

Neurdein Frères.

圣丹尼教堂　法国塞纳瓦兹省

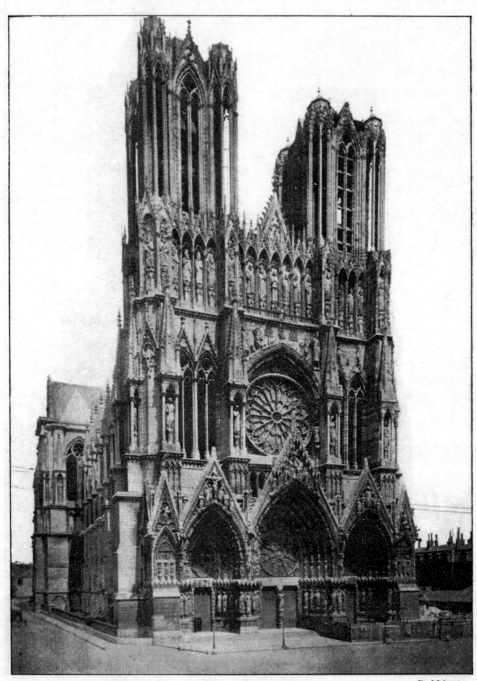

Paul Limon.

兰斯大教堂　法国马恩省

Neurdein Frères.

亚眠大教堂　法国索姆省

Neurdein Frères.

博韦大教堂 法国瓦兹省

Neurdein Frères.

圣礼拜堂　法国巴黎

努瓦永大教堂　法国瓦兹省

Photochrom Co., Ltd.

沙特尔大教堂 法国厄尔卢瓦尔省

Neurdein Frères.

圣母教堂　法国巴黎

布尔日大教堂　法国谢尔省

Neurdein Frères

圣旺教堂　法国滨海塞纳省鲁昂市

布尔日雅克·柯尔宫殿　法国谢尔省

斯特拉斯堡大教堂　法国

Neurdein Frères.

巴约教堂　法国卡尔瓦多斯省

Neurdein Frères.

库唐斯教堂　法国芒什省

Photochrom Co., Ltd.

索尔兹伯里大教堂　英国威尔特郡

威斯敏斯特教堂亨利七世礼拜堂　英国伦敦

威斯敏斯特大教堂　英国伦敦

Photochrom Co., Ltd.

坎特伯雷大教堂　英国肯特郡

Photochrom Co., Ltd

约克大教堂　英国约克郡

Photochrom Co., Ltd.

彭斯赫斯特教堂　英国肯特郡

Levy et ses Fils.

安特卫普圣母大教堂　　比利时

列日圣雅克教堂　比利时

Levy et ses Fils.

根特市政厅　比利时

Paul Limon

布鲁塞尔圣米歇尔大教堂　比利时

Levy et ses Fils.

奥登纳德市政厅　比利时

Deloeul.

布吕赫钟楼　比利时

F. Frith & Co.

纽伦堡圣劳伦斯教堂　德国

Photochrom Co., Ltd.

维也纳圣斯蒂芬大教堂　奥地利

亚琛大教堂　德国

爱尔福特大教堂　德国

科隆大教堂　德国

George Meyer.

布伦瑞克市政厅　德国

圣方济各教堂　意大利

普拉托大教堂　意大利

锡耶纳大教堂　意大利

奥尔维耶托大教堂　意大利

比萨墓园　意大利

新圣母玛利亚教堂 意大利

圣母百花大教堂　意大利

米兰大教堂　意大利

威尼斯道奇宫　意大利

威尼斯黄金宫　意大利

威尼斯佛斯卡瑞宫 意大利

Laurent.

塞维利亚大教堂　西班牙

Laurent.

布尔戈斯大教堂　西班牙

第 3 章

英国各地区哥特式建筑概貌

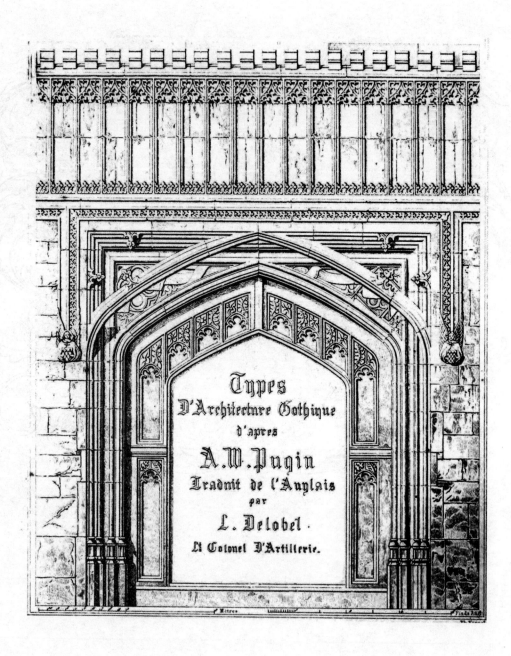

英国哥特式建筑类型

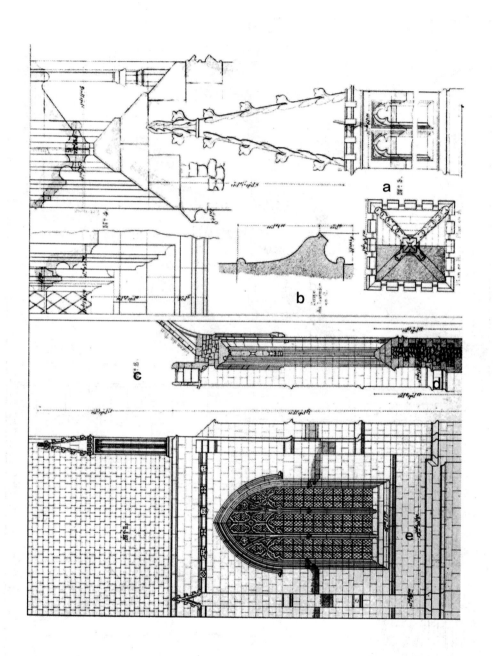

牛津墨顿公学小礼拜堂：a. 塔尖的平面图和立面图　b. 滴水石的剖面　c. 屋顶线　d. 剖面　e. 立面

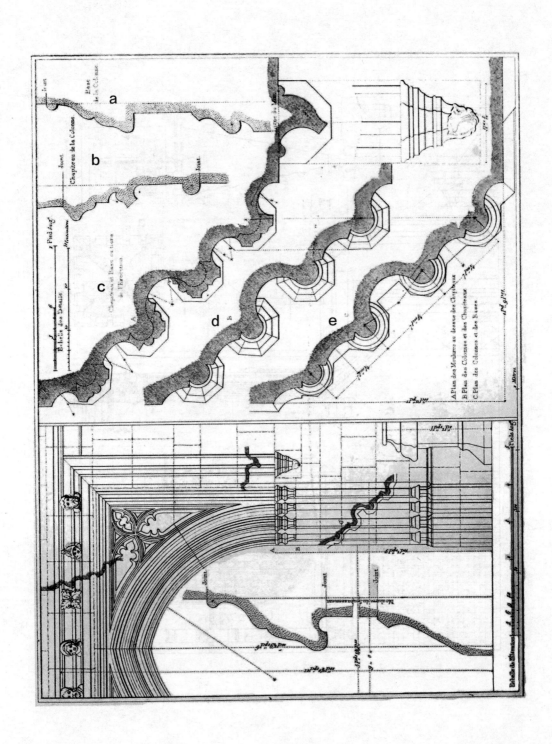

牛津墨顿公学小礼拜堂：a. 柱础   b. 柱头   c. 柱头上面线脚的平面图   d. 柱身的平面图   e. 柱础的平面图

牛津墨顿公学小礼拜堂玻璃窗的样式

牛津大学贝利奥尔学院北面凸出的玻璃窗

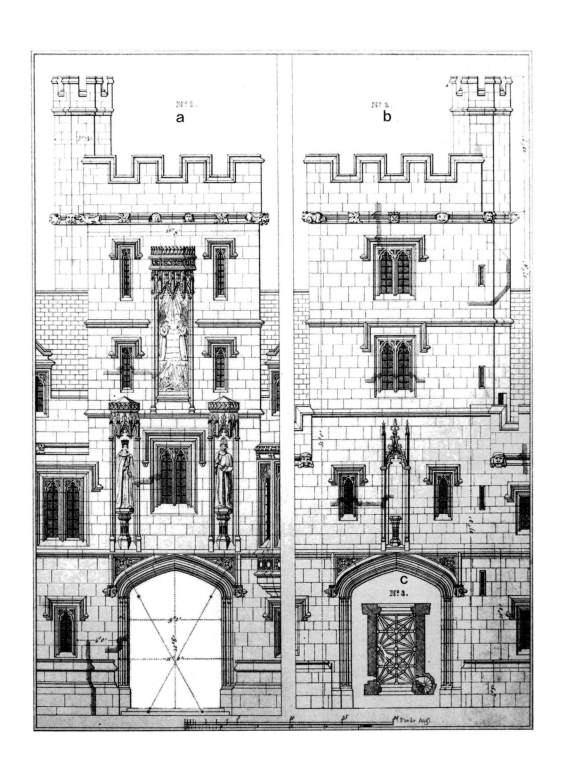

城市建筑（世俗建筑）：a. 建筑的正面　b. 建筑的背面　c. 门廊的拱顶

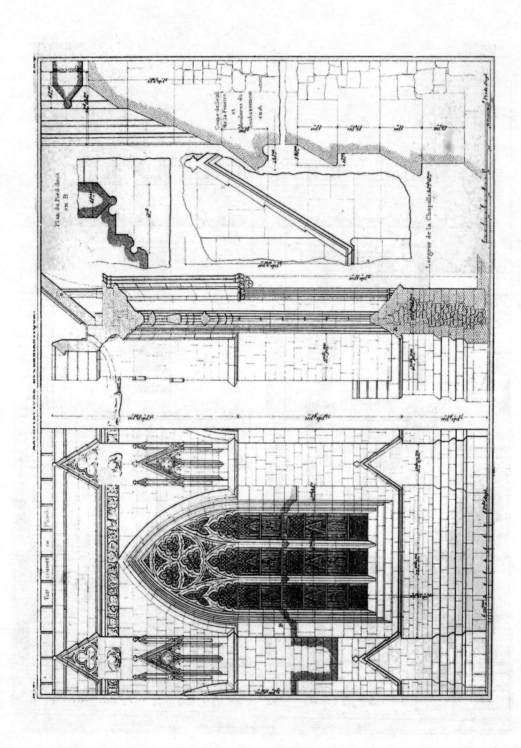

唱诗班后面的隔间

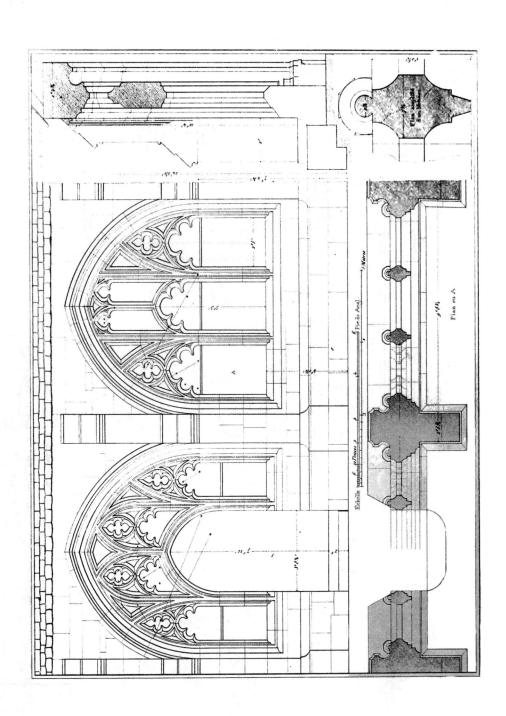

牛津艺术

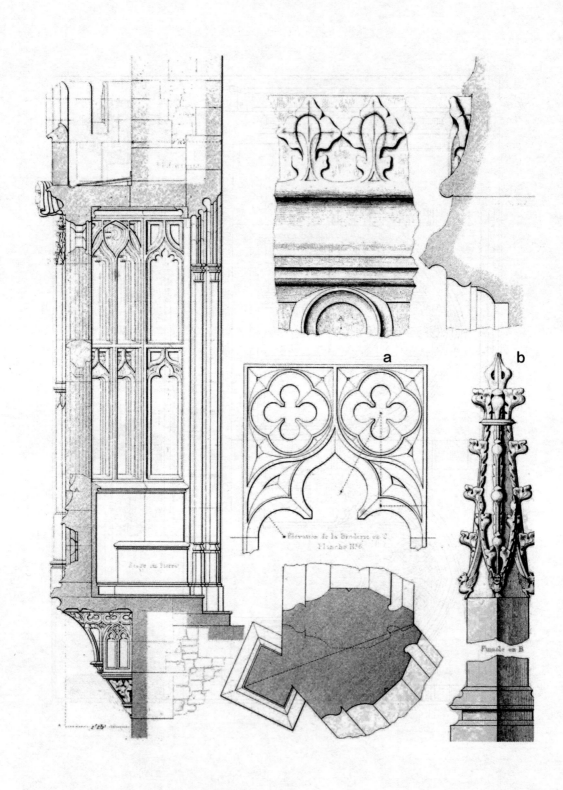

牛津大学贝利奥尔学院：a. 玻璃窗　b. 尖塔

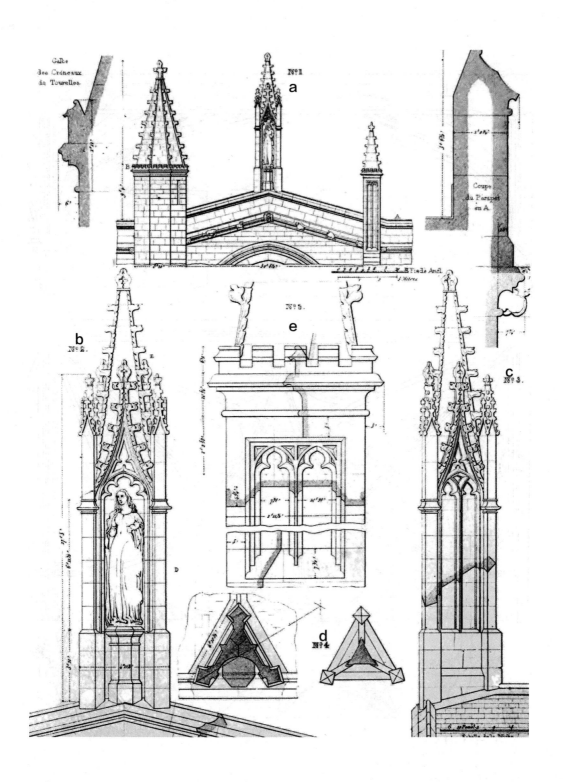

牛津美术学院小礼拜堂城垛、小塔楼的线描图和女儿墙的剖面图：a. 正面山墙　　b. 壁龛　　c. 塔状屋顶　　d. 壁龛侧面

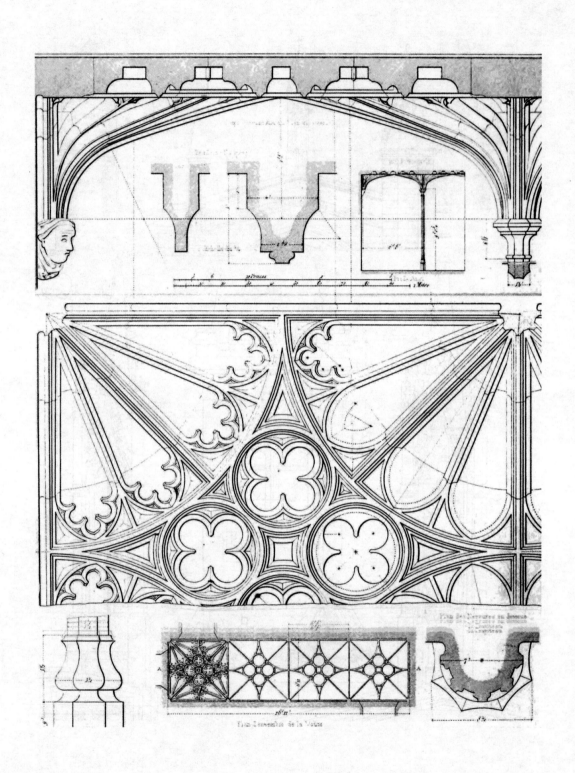

牛津埃姆斯学院通往小礼拜堂走廊的顶部装饰

牛津埃姆斯学院小礼拜堂的侧面和南面：a.滴水石剖面　　b.窗中挺剖面　　c.线脚

牛津埃姆斯学院小礼拜堂（礼拜堂）的新式窗楣

牛津圣让学院：a. 建筑内侧立面（入口高塔） b. 门廊的平面图 c. 剖面图

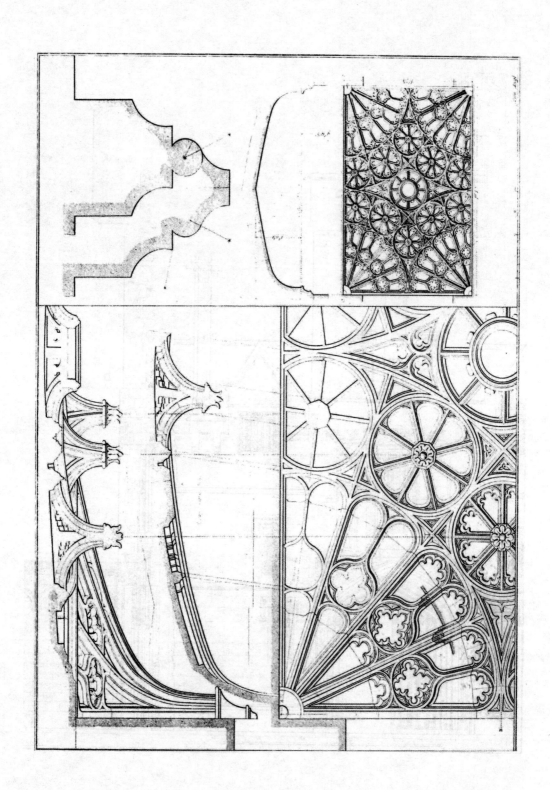

牛津圣让学院通往花园的廊道穹顶垂饰和花纹

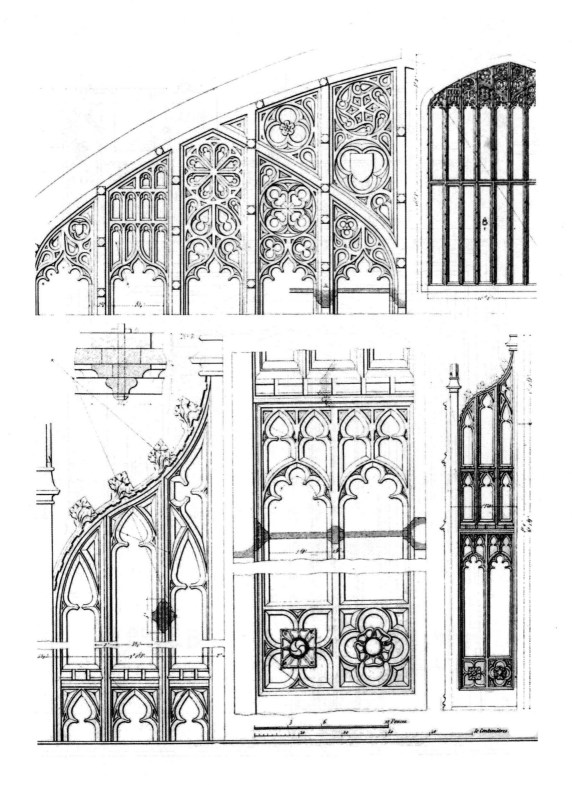

牛津大学墨顿学院圣让祷告席主窗扉上的装饰

牛津大学马德莱娜学院小教堂的西侧大门

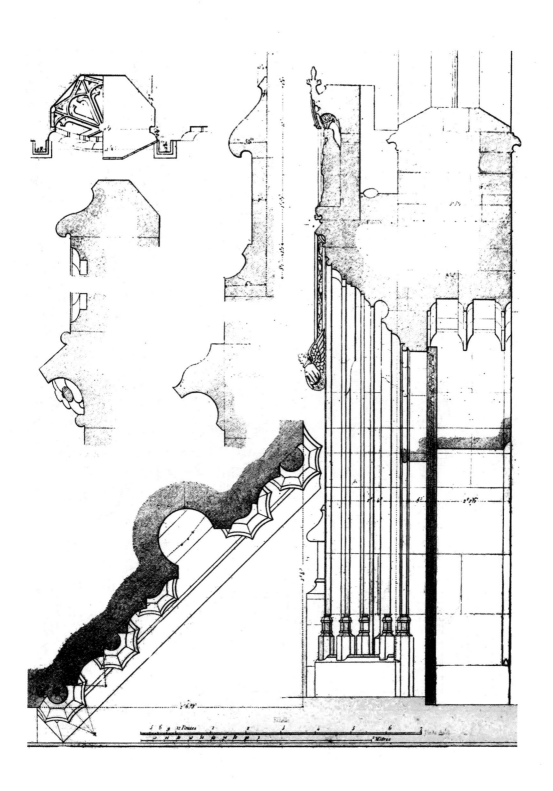

牛津大学马德莱娜学院小教堂的大门剖面细节

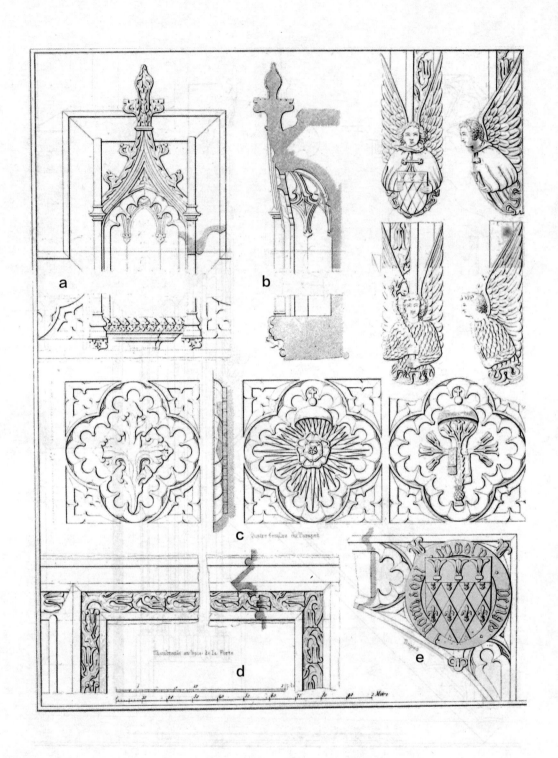

牛津大学马德莱娜学院：a. 壁龛的墙面装饰　b. 壁龛切面　c. 胸墙上的方形花瓣装饰　d. 德拉波特家族住宅　e. 西面大门的装饰细节

牛津大学马德莱娜学院的小礼拜堂梁间墙壁

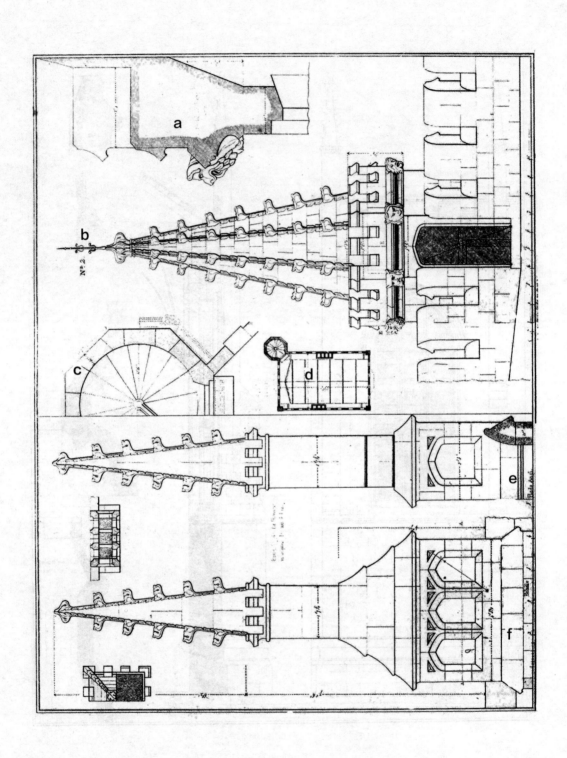

牛津大学马德莱娜学院住宅角落砖砌的塔楼：a. 滴水石及兽头装饰　　b. 塔尖　　c. 塔基的平面图　　d. 塔尖的位置
e. 塔楼的剖面图　　f. 塔楼的侧视图

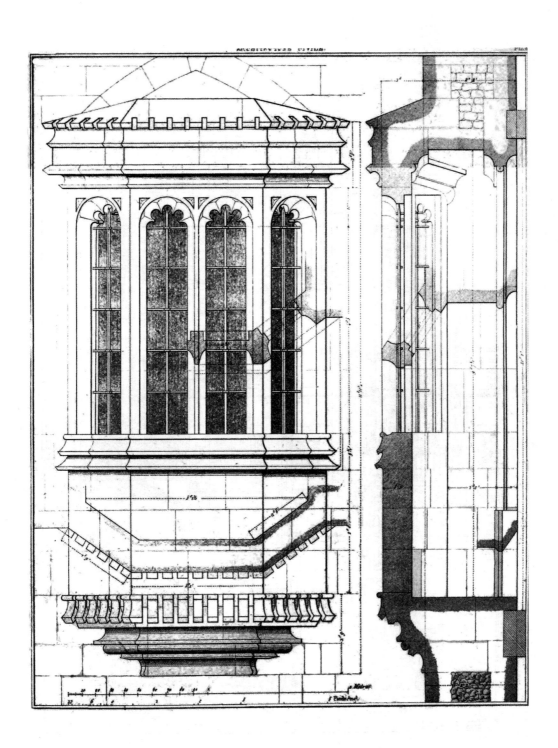

牛津大学马德莱娜学院凸肚窗的立面图和剖面图

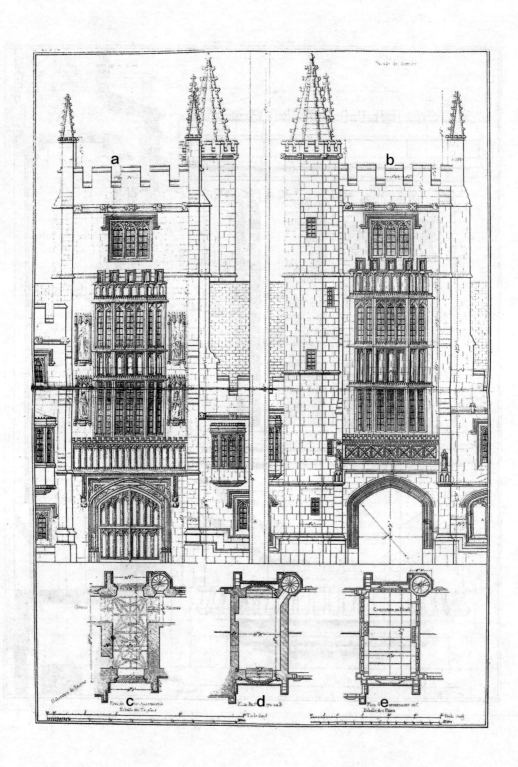

牛津大学马德莱娜学院的塔楼式入口：a. 建筑西立面　b. 建筑东立面　c. 顶层平面图　d. 二层平面图　e. 一层平面图

牛津大学马德莱娜学院：a. 壁龛的装饰细节　b. 大门的装饰细节

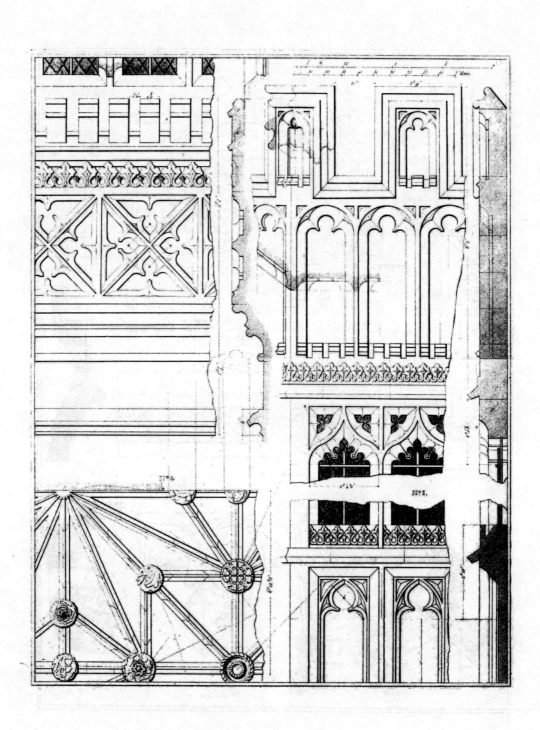

牛津大学马德莱娜学院塔楼式入口的连廊装饰细节

牛津青铜鼻学院的塔楼和入口的正面图和剖面图

牛津圣皮埃尔教堂建筑的南立面和剖面图

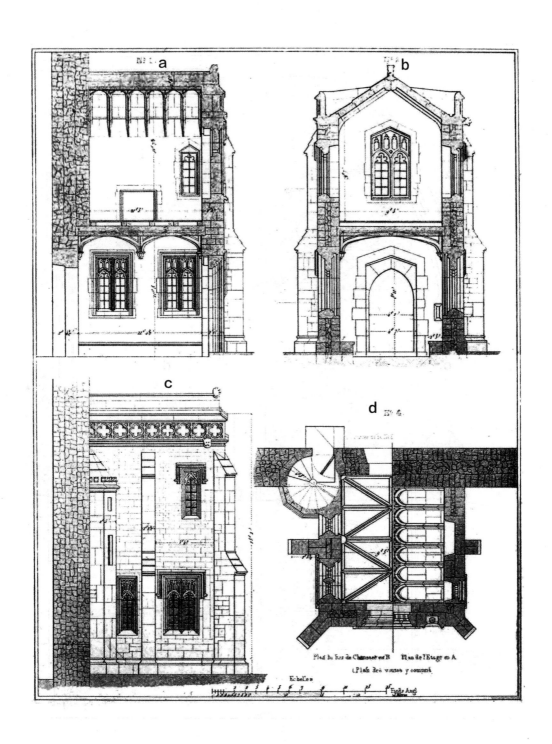

牛津圣皮埃尔教堂南面的门厅：a. 剖面　b. 横切面　c. 西立面　d. 平面图

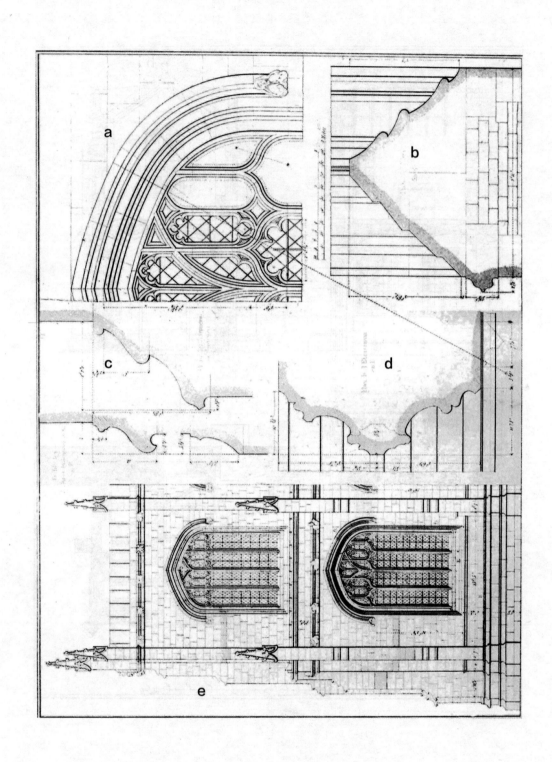

牛津圣玛丽教堂：a. 窗楣　b. 窗侧墙的斜削　c. 墙基的装饰线脚剖面　d. 窗中梃　e. 教堂中殿正视图

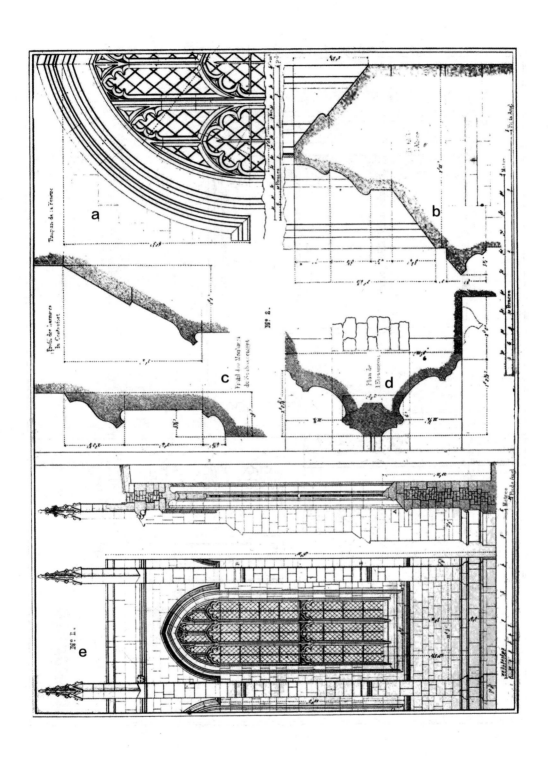

牛津圣玛丽教堂：a. 窗子上的三角楣饰　b. 窗侧墙的斜削　c. 扶垛滴水石剖面　d. 墙基装饰线脚的侧面　e. 唱诗班外墙面的正视图

牛津圣玛丽教堂：a. 神职人员祷告席的石雕装饰　b. 石雕的细节

伦敦塔山圣凯瑟琳娜教堂：神职祷告和唱诗班席顶部新月形装饰正面图和剖面图

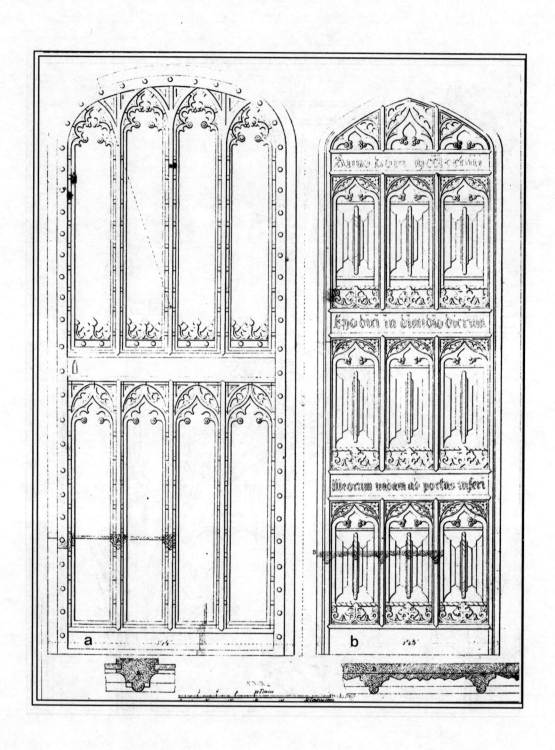

圣阿尔塔修道院：a. 礼拜堂的橡木门　b. 修道院的橡木门

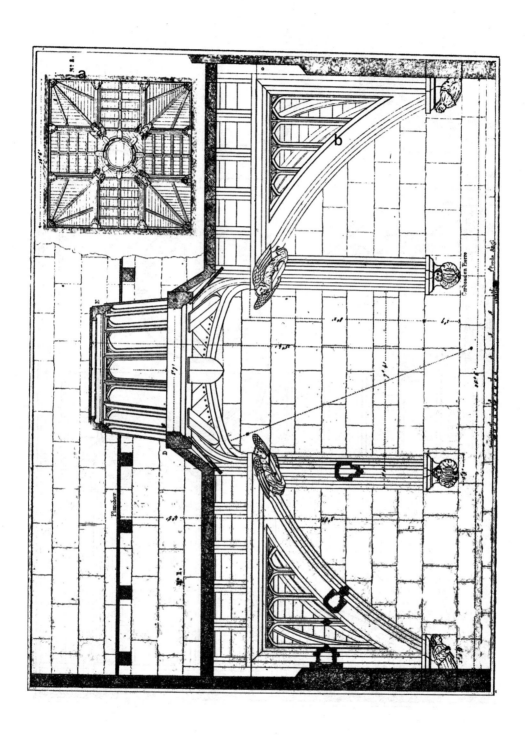

牛津默顿学院教堂钟楼的木质天花板：a. 整个天花板的水平投影 b. 中心剖面

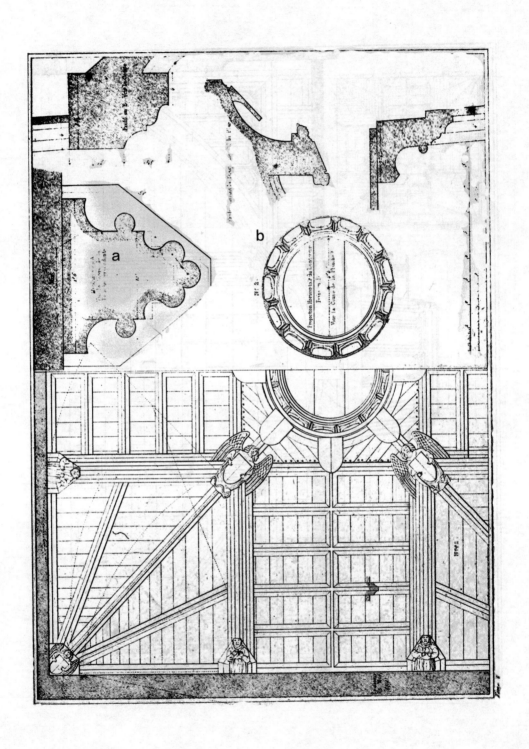

牛津默顿学院教堂：a. 线脚 A　b. 顶塔的水平投影

诺福克郡老沃尔辛厄姆教堂的橡木祷告椅子和装饰细节：a. 剖面 B　b. 正面　c. 背面　d. 完整的立视图　e. 椅背的装饰　f. 放大的装饰线脚　g. 剖面 A　h. 柱头的外轮廓线　i. 柱脚的外轮廓线

诺福克郡老沃尔辛厄姆教堂：天花板的浅浮雕橡木嵌板

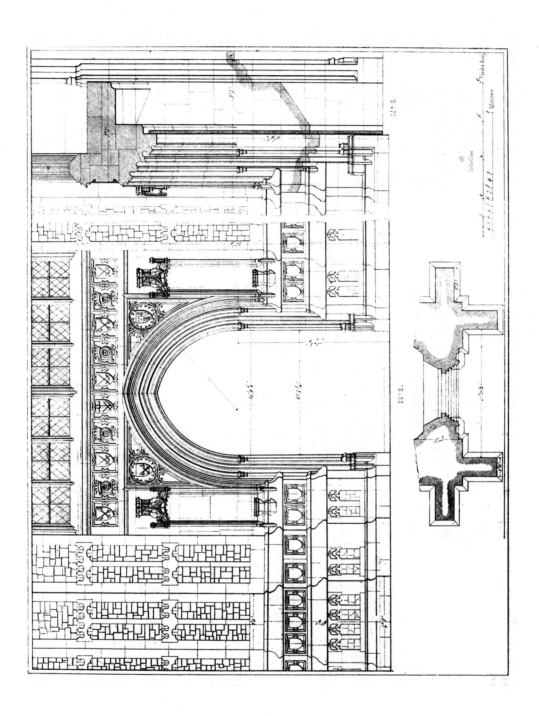

诺福克郡费克纳姆教堂：西侧大门的正视图和切面图

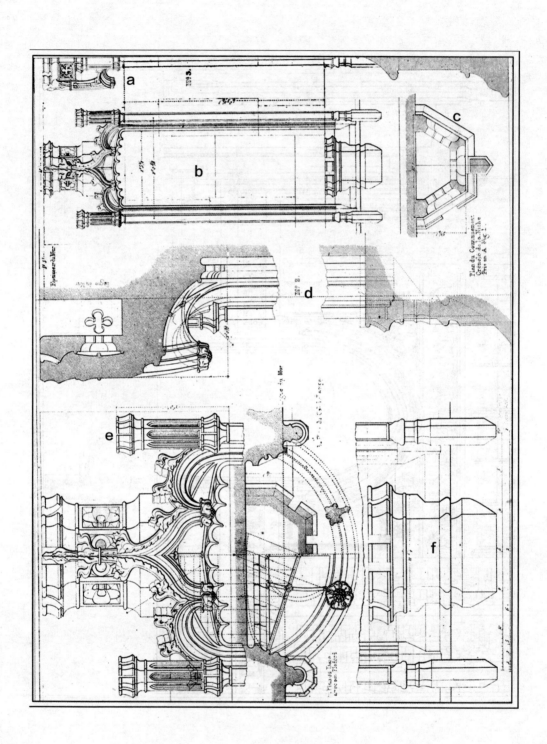

诺福克郡费克纳姆教堂一个带华盖的壁龛：a. 侧视图　b. 正视图　c. 截面图　d. 剖面图　e. 华盖　f. 底部

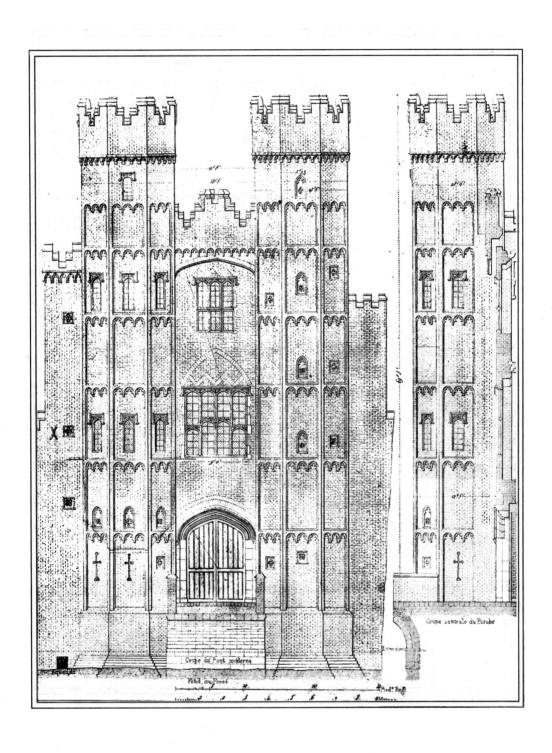

诺福克郡奥克斯伯洛夫城堡：北面主入口的正面图和剖面图

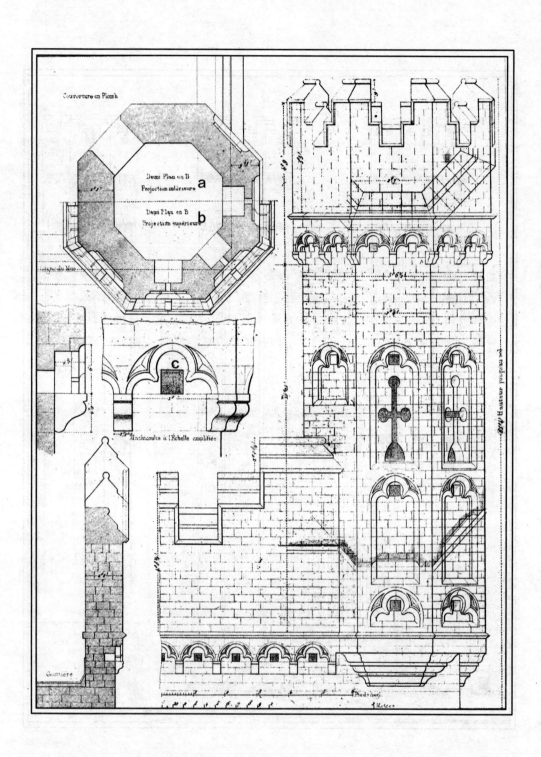

诺福克郡奥克斯伯洛夫城堡位于门厅东侧八角形的砖砌小塔楼：a.内部半投影图　b.上层半投影图　c.堞眼

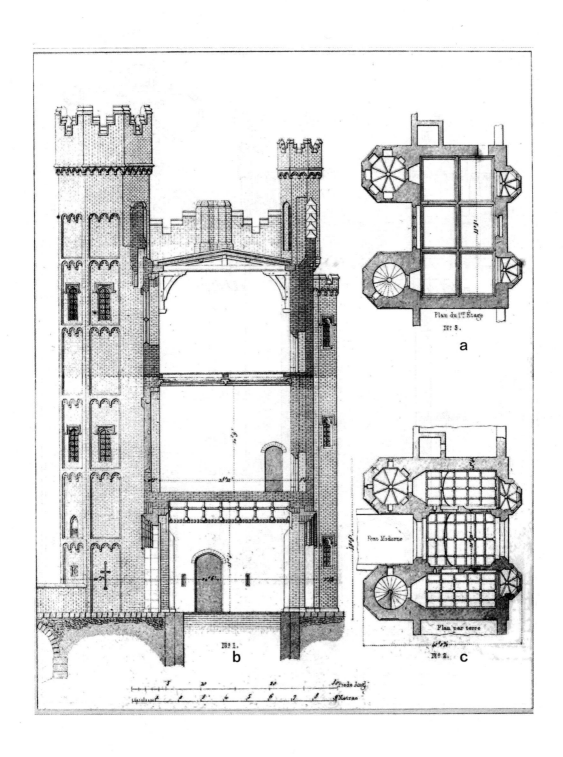

诺福克郡奥克斯伯洛夫城堡：a、c.花圃和一层的平面图 b.入口门厅的中心剖面图

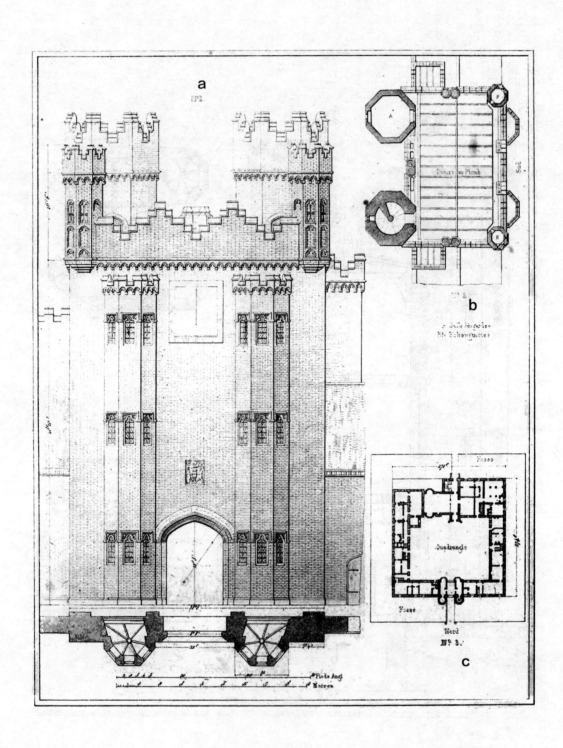

诺福克郡奥克斯伯洛夫城堡门厅外部：a.建筑立面　b.平面图　c.城堡总平面图

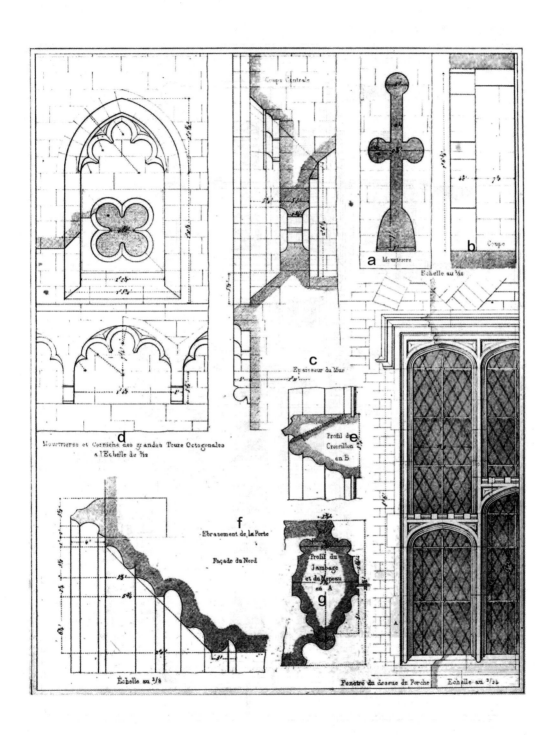

诺福克郡奥克斯伯洛夫城堡北面门厅的细节：a. 枪眼　　b. 剖面图　　c. 墙壁厚度　　d. 1/12 比例主八面塔上楣和枪眼　　e. 窗扇横柱的侧面　　f. 窗侧墙斜削　　g. 窗中梃柱的剖面

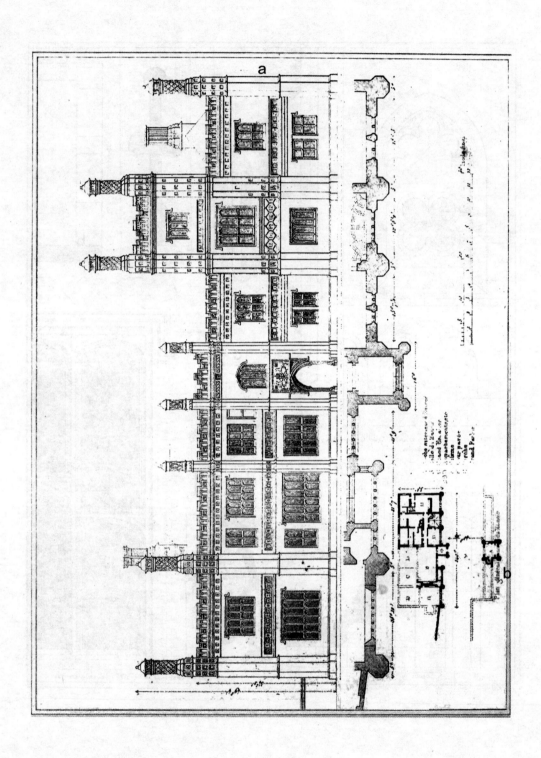

诺福克郡东拜尔舍姆小城堡：a. 主立面　b. 平面图

诺福克郡东拜尔舍姆小城堡：a. 围墙外侧大门的立面　b. 侧面

诺福克郡东拜尔舍姆小城堡：城堡后面的立视图和剖面图

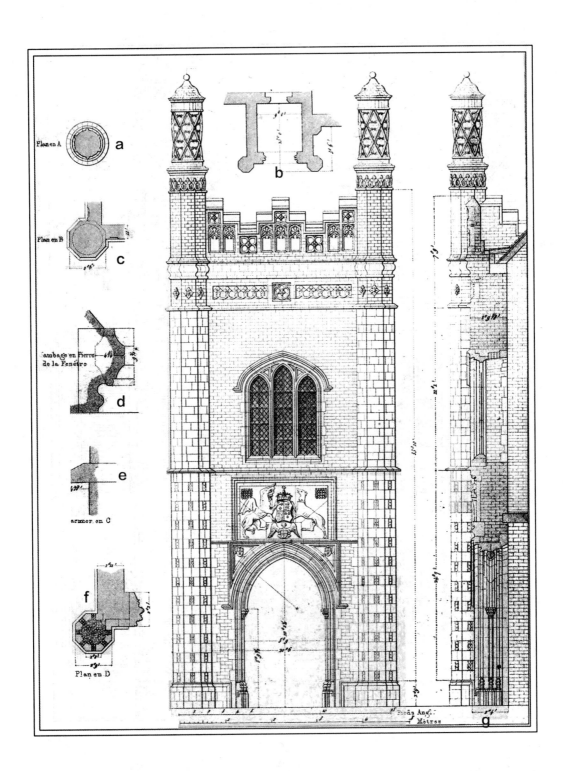

诺福克郡东拜尔舍姆小城堡北立面中心门廊的立面图和剖面图：a. 截面图　b. 门厅平面图　c. 截面图　d. 石头侧柱的截面　e. 侧面　f. 截面图　g. 剖面图

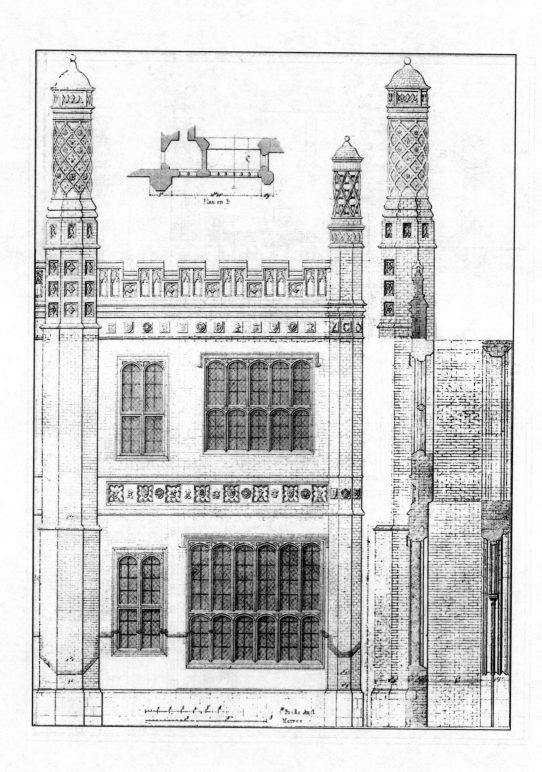

诺福克郡东拜尔舍姆小城堡：带窗的回廊、大厅的正视图和剖面图

诺福克郡东拜尔舍姆小城堡：城堡主塔的南立面和剖面图

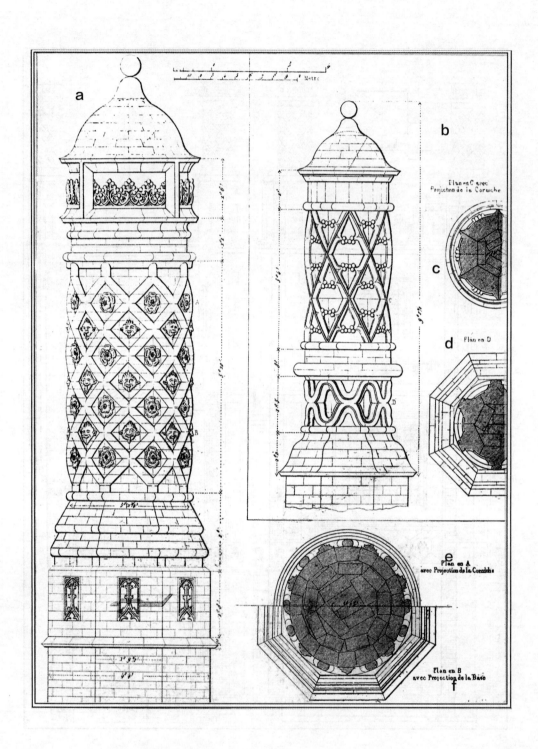

诺福克郡东拜尔舍姆小城堡：a. 一个大炮塔的正面　b. 小炮塔的正面　c.C 的截面　d.D 的截面　e.A 的截面
f. 塔基的截面

诺福克郡东拜尔舍姆小城堡围墙大门外立面的装饰细节：a. 女儿墙和檐口　b. 炮塔上的网格　c. 束带层装饰
d. 门窗壁柱　e. 拱门缘饰部分

诺福克郡东拜尔舍姆小城堡：西面大厅山墙支撑的烟囱基座

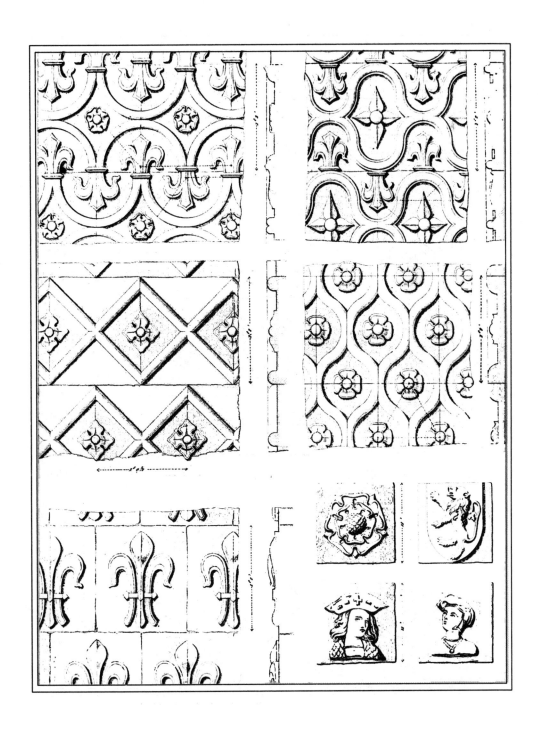

诺福克郡东拜尔舍姆小城堡：西侧大厅屋顶上炮塔基座的砖瓦装饰

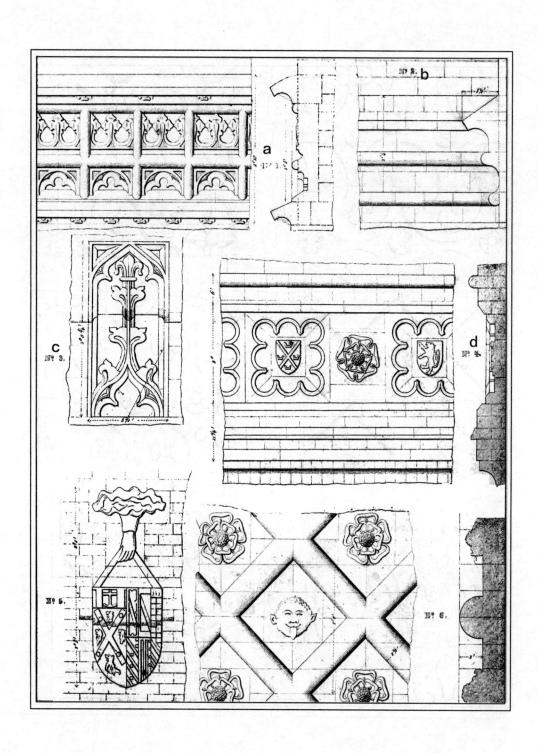

诺福克郡东拜尔舍姆小城堡装饰细节：a. 大门围墙内侧表面　　b. 城堡主塔檐口　　c. 第六个大塔楼的墙面装饰
d. 檐壁

诺福克郡东拜尔舍姆小城堡：a、b. 城堡主塔第一层、第二层的第八扇窗　c. 窗子装饰　d. 门厅大门的侧壁柱

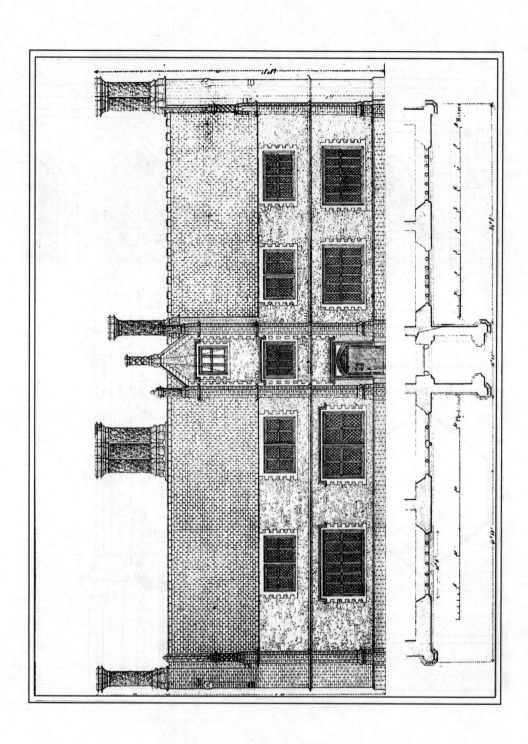

诺福克郡索普朗德城堡主立面

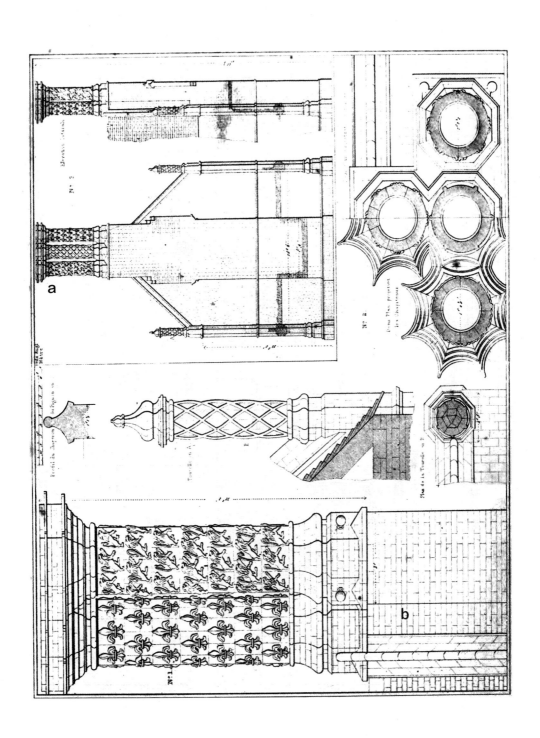

诺福克郡索普朗德城堡：a. 东侧面烟囱和砖砌的山墙的立视图　b. 烟囱和山墙的基础的侧面立视图

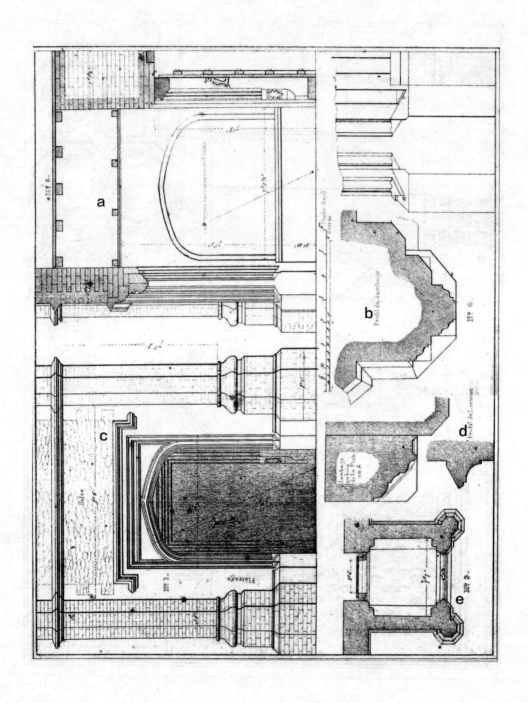

诺福克郡索普朗德城堡：a、c.门厅的立视图和剖面图　b.侧壁柱的剖面图　d.滴水石的剖面图　e.平面细节图

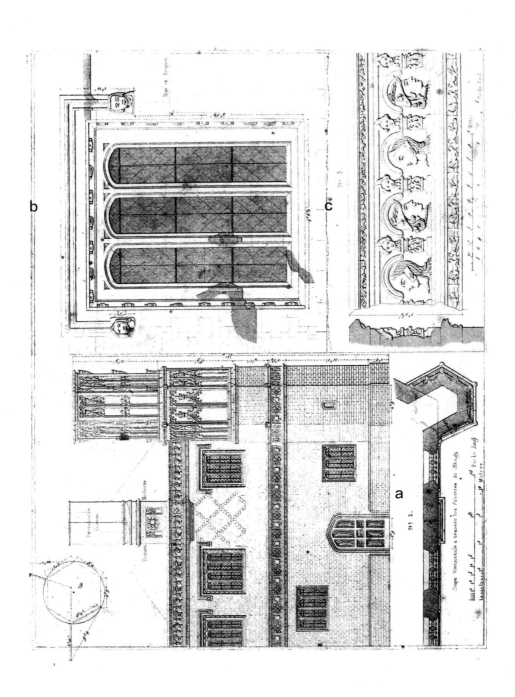

诺福克郡大斯诺灵镇的本堂神甫住宅：a. 南立面　b. 一层的窗子　c. 檐口的带状装饰

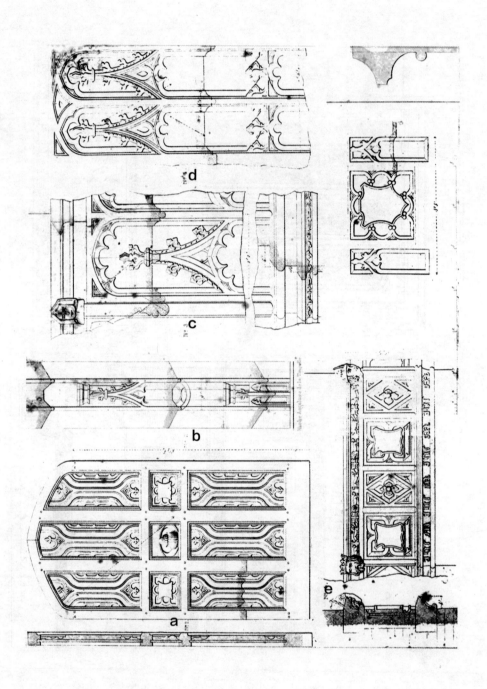

诺福克郡大斯诺灵镇的本堂神甫住宅塔楼墙角石：a. 木制大门　　b. 南立面烟囱基座的网状装饰　　c、d、e. 塔楼上的装饰细节

诺福克郡达尔的霍顿小教堂西立面的剖面图和平面图

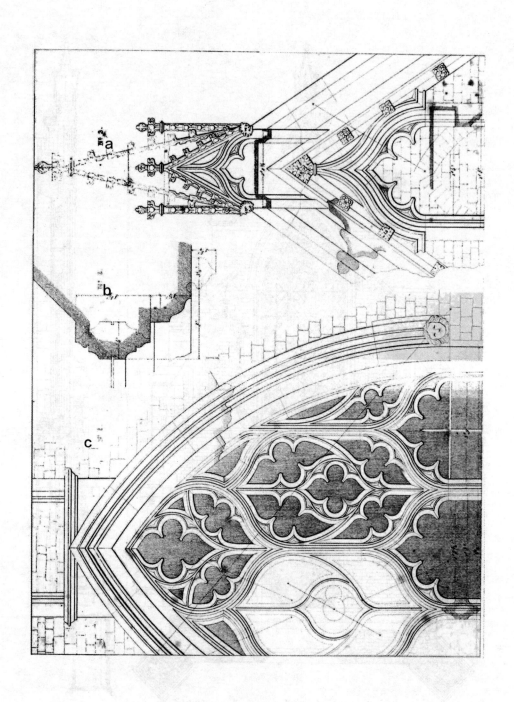

诺福克郡达尔的霍顿小教堂西立面：a. 大门三角楣的尖顶和壁龛　b. 尖拱剖面　c. 尖拱窗

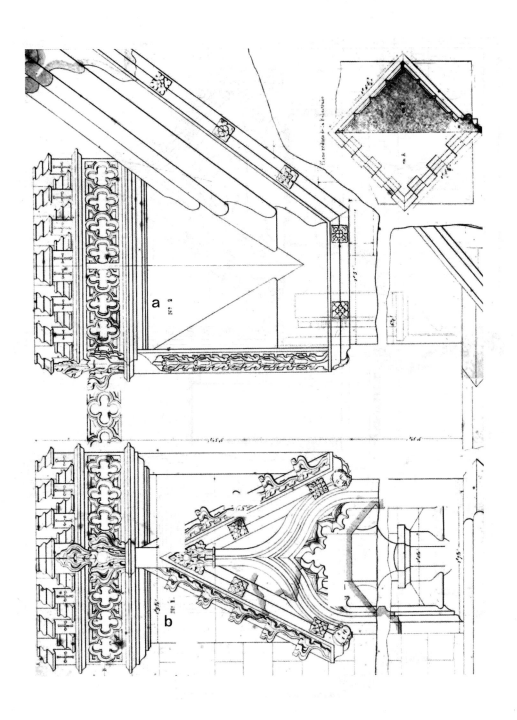

诺福克郡达尔的霍顿小教堂西立面大门三角楣镶框的壁龛：a. 侧面视角　b. 正面视角

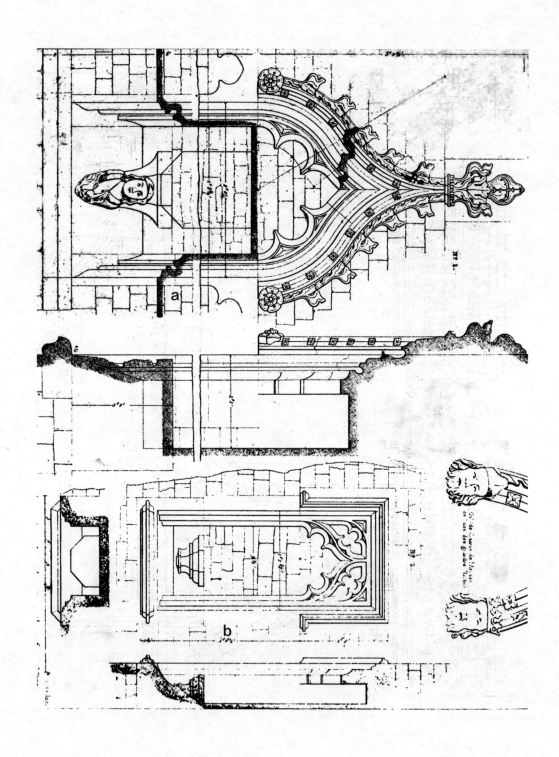

诺福克郡达尔的霍顿小教堂大壁龛尖拱的垂饰：a. 窗户旁边的壁龛　b. 大门旁的壁龛

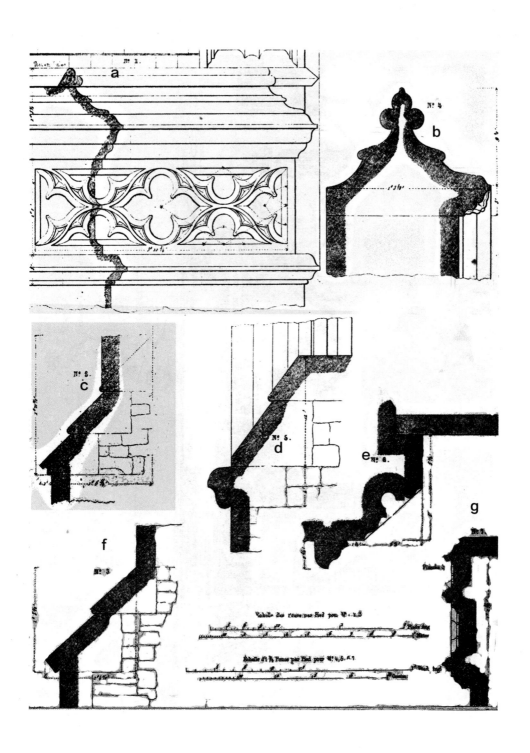

诺福克郡达尔的霍顿小教堂西立面细节：a.胸墙　b.线脚　c.上面的挑口板　d.窗底部　e.大门侧柱　f.下面的挑口板　g.城堞

威尔特郡大谢菲尔德城堡和教堂

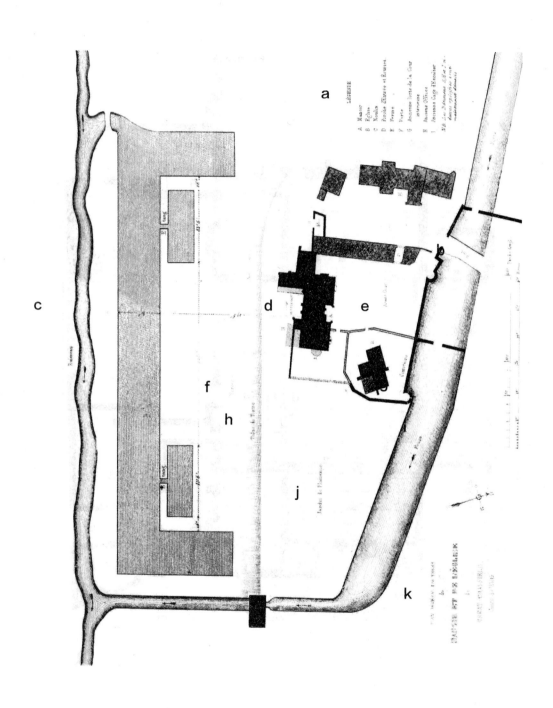

威尔特郡大谢菲尔德城堡：a.图例：A：城堡　B:教堂　C:磨坊　D：门厅和马厩　E:农场建筑　F:城门（车马门）　G：内院的老门　H:老配膳室　I:老楼梯间　b.桥　c.世俗和宗教建筑学　d.内庭　e.前庭　f.果园　g.墓地　h.斜堤　i.排水沟　j.供游乐的花园　k.威尔特郡大谢菲尔德城堡和教堂总平面图

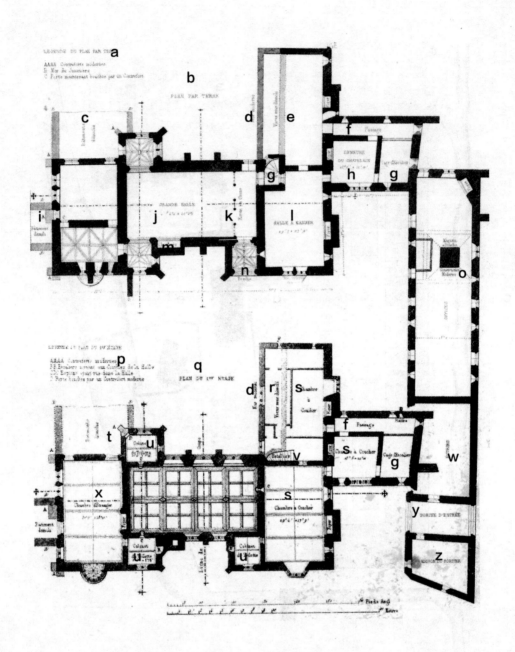

威尔特郡大谢菲尔德城堡的一层和二层的平面图：a. 一层图例　　AAAA: 现代扶垛　　B: 墓地隔墙　　C: 现代被堵住的大门扶垛　b. 一层平面图　c. 被拆毁的建筑　d. 现代的墙　e. 古旧的弃用的墙　f. 走廊　g. 楼梯间　h. 神甫住所　i. 建筑细节　j. 大敞厅　k. 橡木板　l. 餐厅　m. 壁炉　n. 门厅　o. 现代建筑工程　p. 二层图例　　AAAA: 现代扶垛　　BB: 通往顶楼大厅的楼梯　　CCC: 大厅的监视孔　　D: 被一个现代扶垛堵住的入口　q. 二层平面图　r. 古旧的被拆的墙　s. 卧室　t. 被拆的建筑　u. 洗漱间　v. 楼梯　w. 马房　x. 客房　y. 牲畜入口　z. 门房

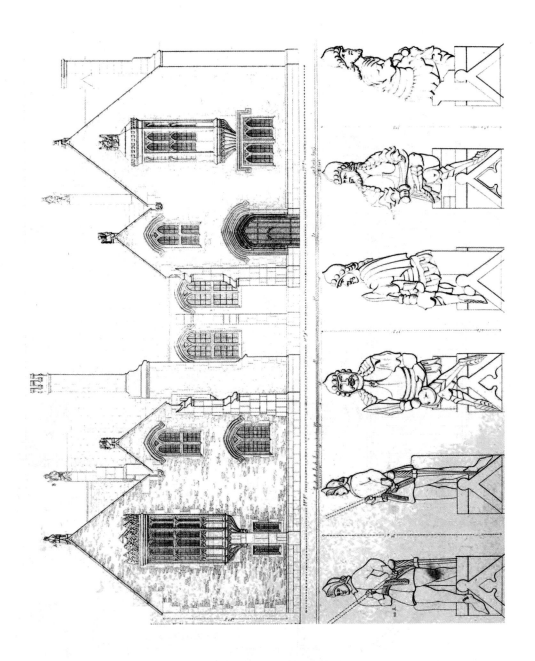

威尔特郡大谢菲尔德城堡的北立面和三角檐上的雕像

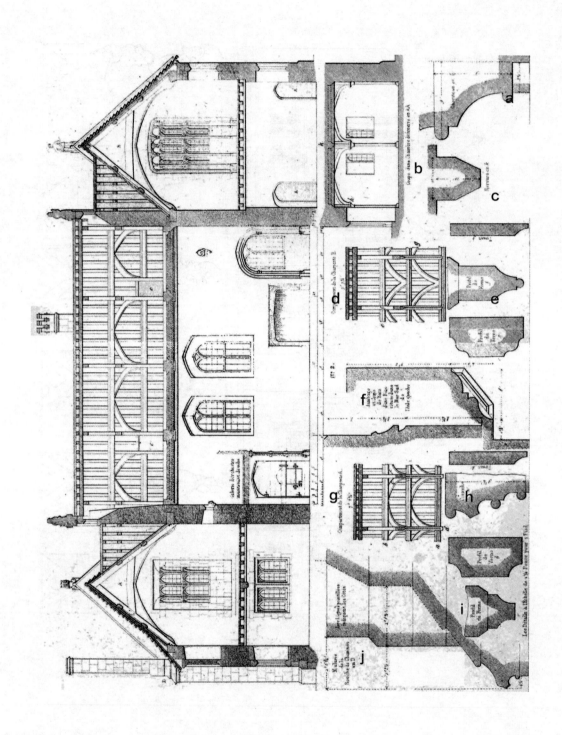

威尔特郡大谢菲尔德城堡的纵向剖面图和大厅北侧屋架的细节：a. 柱头　　b. 房间防御口的剖面　　c. 肋的剖面　d. 小房间 B 的屋架　　e. 屋架的剖面　　f. 位于南墙左翼侧壁柱的剖面　g.A 房间的屋架　　h. 上楣　i. 三层屋架的截面　　j. 烟囱的基础线脚

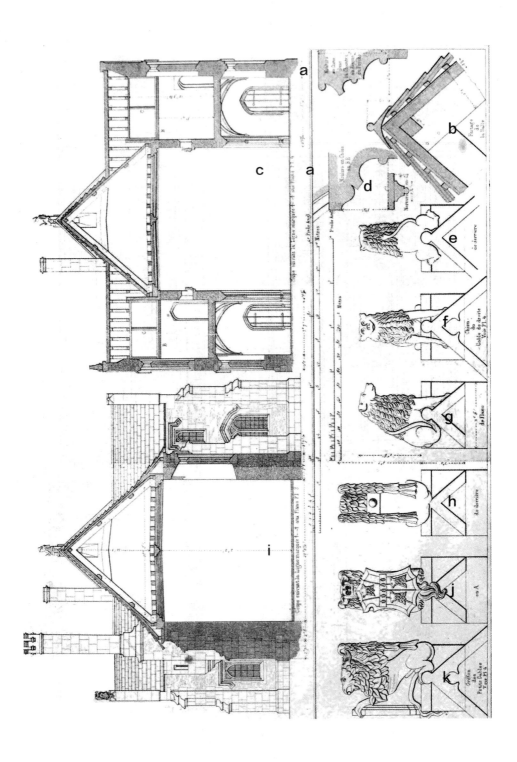

威尔特郡大谢菲尔德城堡大厅的两个剖面和装饰细节：a.线脚　　b.大厅的屋架　　c.沿着十…十的标注的剖面图 d.肋　e.背面　f.右侧三角楣上的犬　g.侧面　h.矮三角楣上的格列芬背面　i.沿着十…十的标注的剖面图　j.矮 三角楣上的格列芬正面　k.矮三角楣上的格列芬侧面

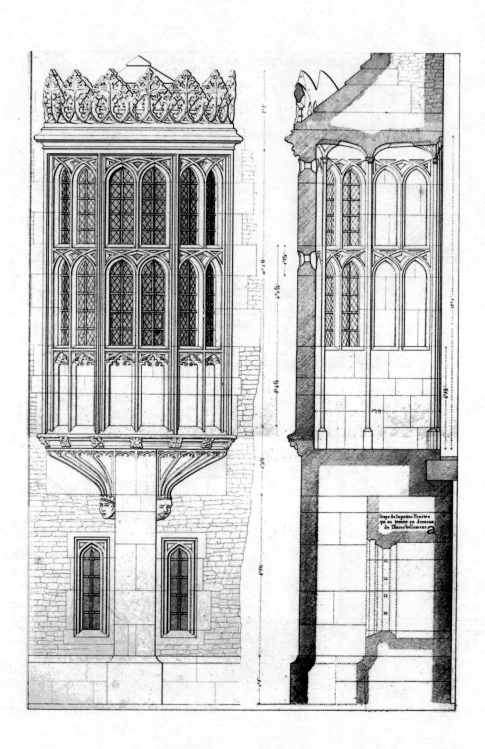

威尔特郡大谢菲尔德城堡位于建筑北面的半环绕窗子的立面和剖面：a. 小凸肚窗的剖面图

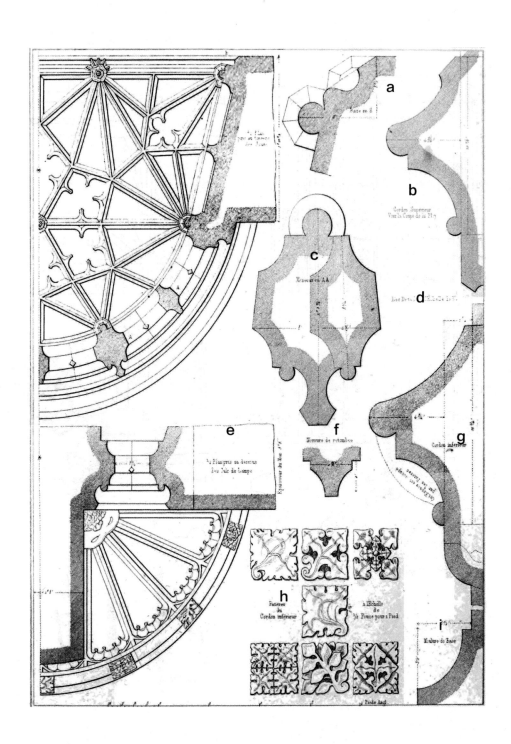

威尔特郡大谢菲尔德城堡位于建筑北面半环窗的平面图和细节：a. 基座 B　b. 上部的束带层　c. 窗中梃　d. 细节
e. 下部的托座　f. 拱底石的肋　g. 下部的束带层　h. 下部束带层上的花饰　i. 底部线脚

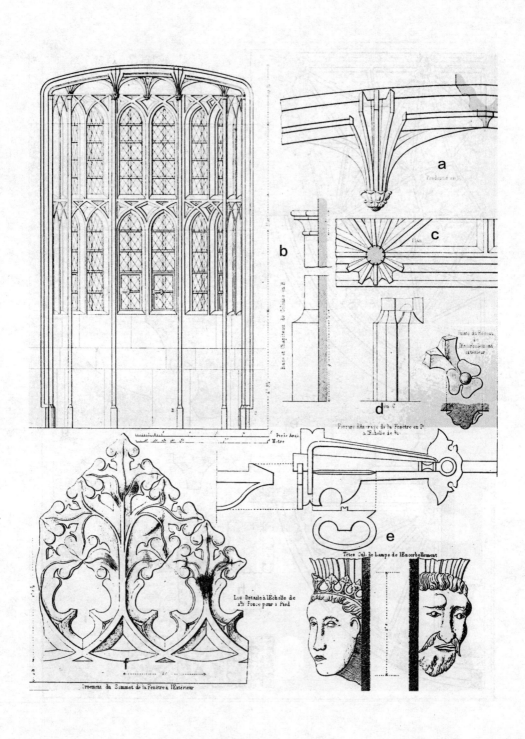

威尔特郡大谢菲尔德城堡半环窗的立面和细节：a. 垂饰 A　b. 柱饰 B 的柱头和柱基　c. 平面图　d. 铁制的锚定装置　e. 窗托座的人头装饰　f. 窗外部顶上的装饰

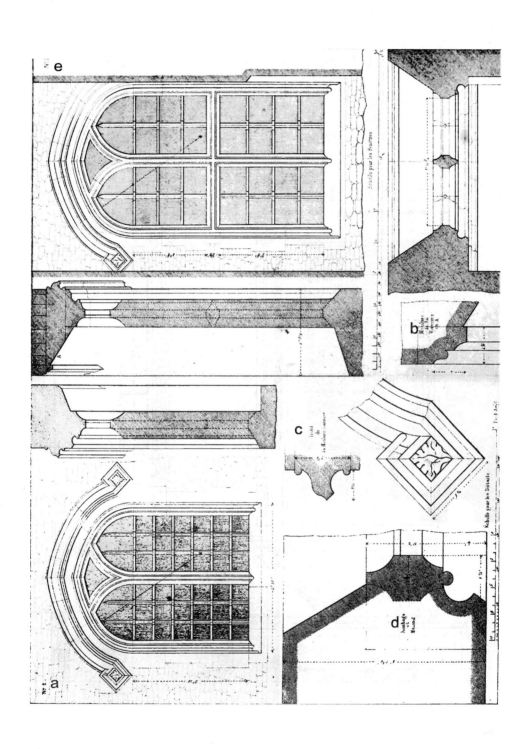

威尔特郡大谢菲尔德城堡：a. 大厅的窗户　b. 拱形窗头线　c. 滴水石线脚的剖面　d. 侧壁柱　e. 相同房间的朝北的窗户

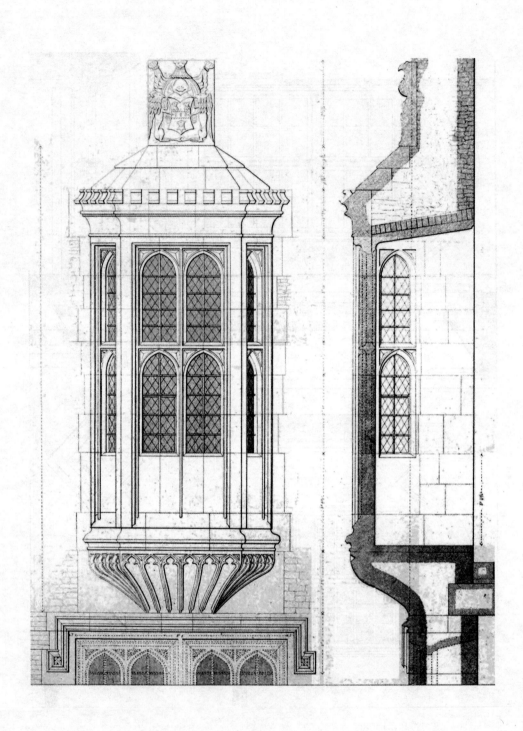

威尔特郡大谢菲尔德城堡位于建筑北面的另一个凸肚窗的立面和剖面

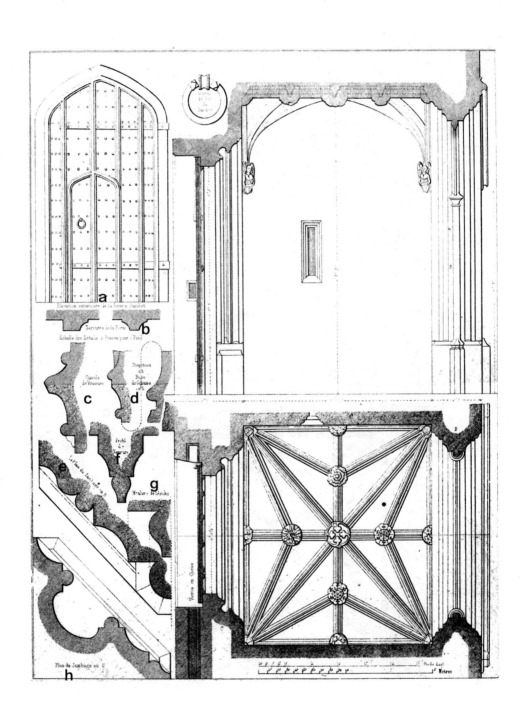

威尔特郡大谢菲尔德城堡的北面门厅的剖面图和细节：a. 大门和小门的正面　b. 大门的肋　c. 拱的支托　d. 柱头和柱基　e. 侧壁 B　f. 肋　g. 拱门的线脚　h. 侧壁 C

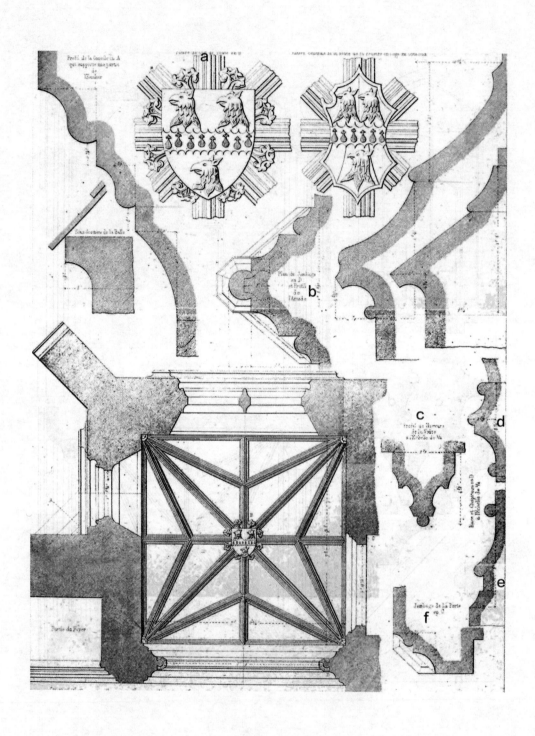

威尔特郡大谢菲尔德城堡：a. 徽章　b. 侧壁柱的平面和尖拱的侧面　c. 穹顶的肋　d. 柱头　e. 柱基　f. 大门的侧壁

威尔特郡大谢菲尔德城堡的三个不相同的矩形窗：a.NO.2 的窗中梃　b.NO.3 的窗中梃

威尔特郡大谢菲尔德城堡大厅壁炉的立面、剖面和烟囱的基座部分细节：a.壁炉楣的装饰　b.A-A的剖面　c.西侧的墙　d.北侧拱顶突角上的烟囱的基座和细节　e.南侧的烟囱立面

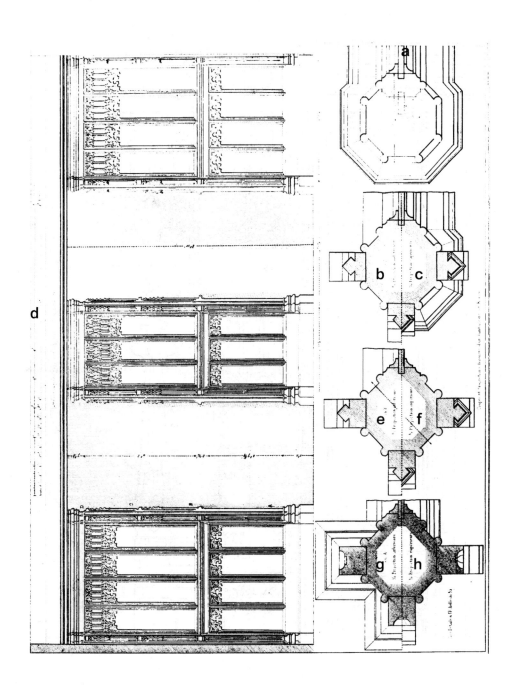

威尔特郡大谢菲尔德城堡：a. 柱头的垂直投影　b.C 下投影　c.C 上投影　d. 古老的管风琴长廊的承重梁　e. B 下投影　f.B 上投影　g.A 下投影　h.A 上投影

威尔特郡大谢菲尔德城堡大厅装饰板的细节：a. 花状装饰　　b. 装饰板的一个装饰格　　c. 中间的　　d. 右边的
e. 小尖塔　　f. 基座

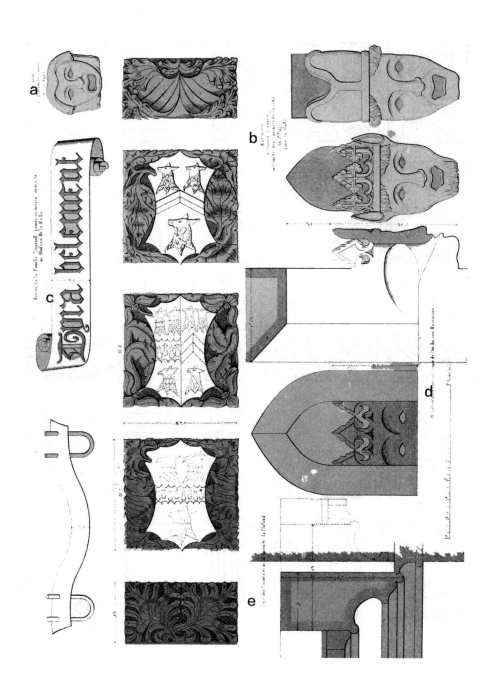

威尔特郡大谢菲尔德城堡饰以纹章的橡木花环和另一些大厅天花板的装饰细节：a. 大厅的怪面饰　b. 大厅旁盥洗室的怪面饰　c. 大厅天花板上刻在带状装饰上的家族标志　d. 怪面饰的内立面和剖面　e. 天花板的突饰

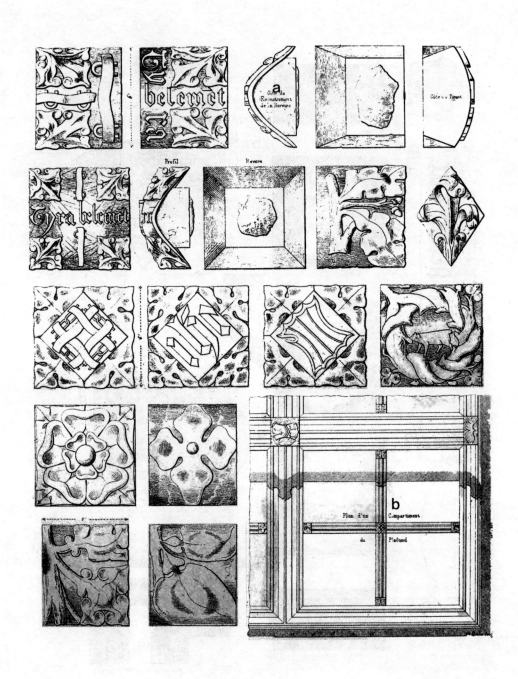

威尔特郡大谢菲尔德城堡大厅天花板的小石膏花饰板和其它细节：a. 嵌入榫眼的切面　b. 天花板嵌板块的平面图

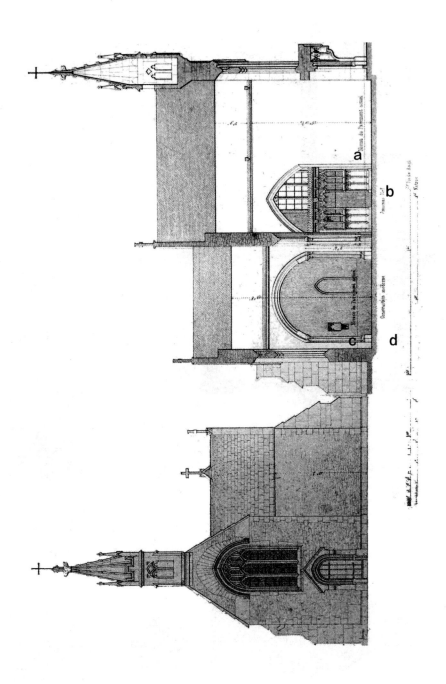

威尔特郡大谢菲尔德教堂的西立面和纵剖面：a. 古代的地面位置　　b. 旧的教堂中殿　　c. 目前的地面水平位置
d. 现代修建部分

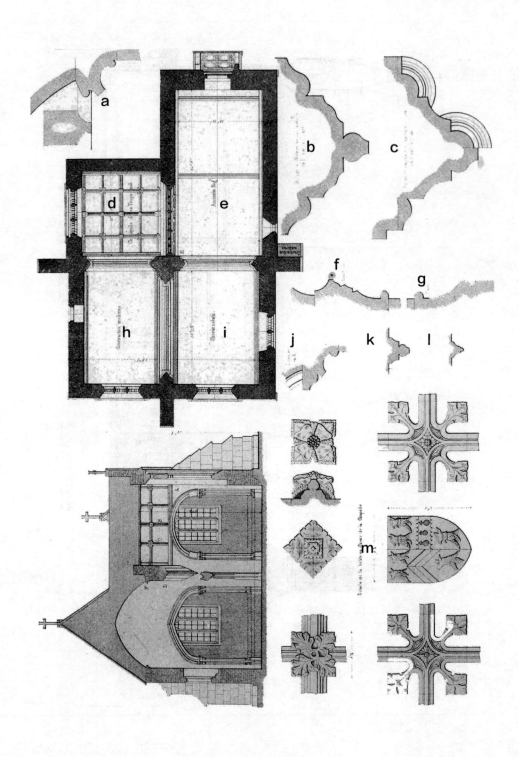

威尔特郡大谢菲尔德教堂的横截面、一楼平面图和装饰细节：a. 上楣 F 的剖面　　b. 礼拜堂入口拱廊 D 的剖面　c. 拱的侧壁 E 和它的平面图　d. 小礼拜堂　e. 旧的教堂中殿　f. 柱头　j. 柱基　h. 现代修建部分　i. 唱诗班席（重建）　g. 上楣 A　k. B 肋　l. C 肋　m. 礼拜堂的穹顶的橡木装饰

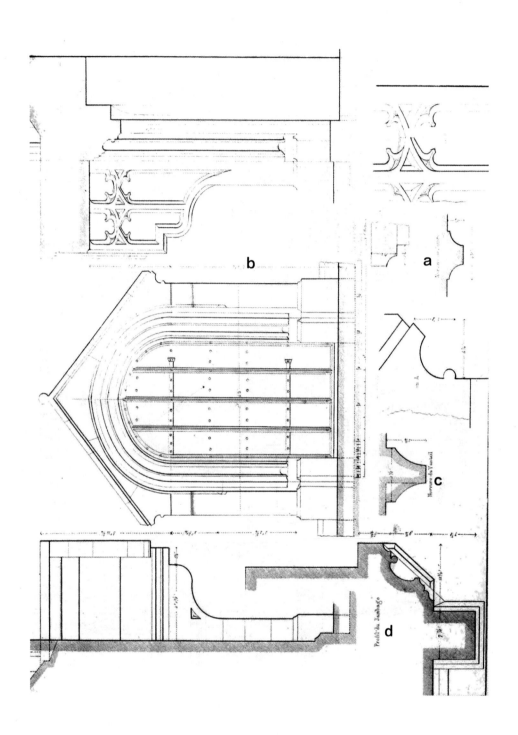

威尔特郡大谢菲尔德教堂的大门的立面、侧面和一些细节：a. 梁腹肋　b. 大门立面　c. 门的肋　d. 侧壁

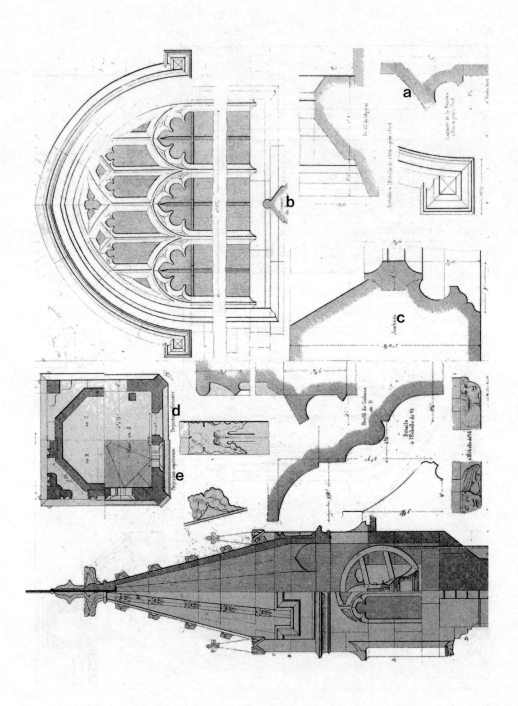

威尔特郡大谢菲尔德教堂小尖塔的半立面图、半剖面图和西立面窗户的细节：a. 滴水石、挑口板　b. 入口的尖顶　c. 侧壁　d. 内侧投影图　e. 外侧垂直投影

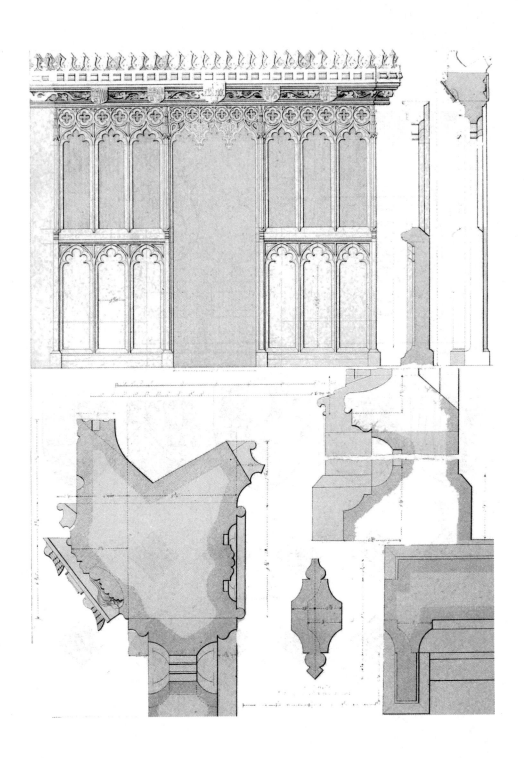

威尔特郡大谢菲尔德教堂的小礼拜堂内部的石制围屏

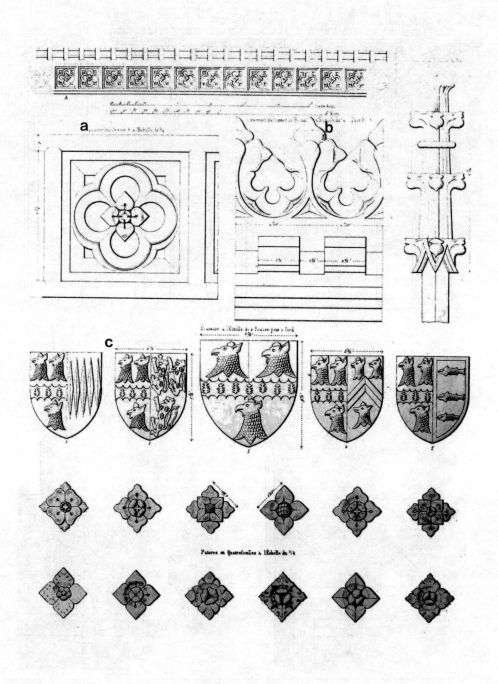

威尔特郡大谢菲尔德教堂围屏的细节：a. 方形花饰　　b. 顶端的卷草　　c. 徽章形饰

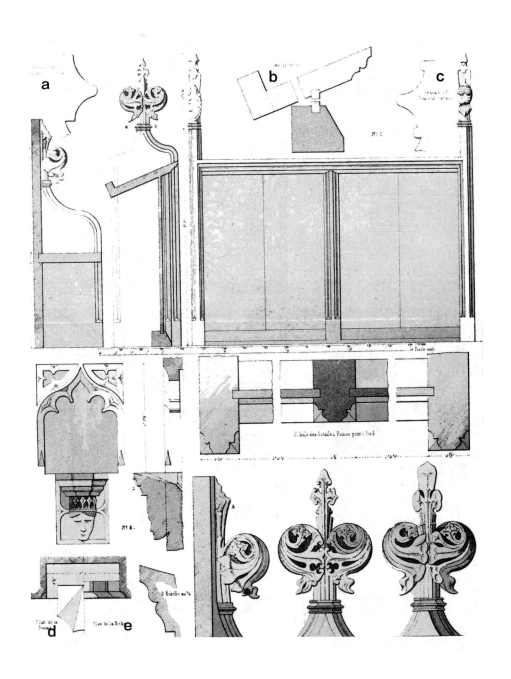

威尔特郡大谢菲尔德教堂橡木祭坛和石头洗礼盘：a.卷草纹饰A的基座　b.托书架　c.卷草纹饰B的基座　d.洗礼盘的平面图　e.壁龛的平面图

威尔特郡大谢菲尔德教堂位于威尔特郡科斯罕教堂唱诗班席的托马·托贝奈勒和他的妻子阿涅丝的祭坛墓：a. 基座　b. 上楣　c. 角上的坚柜

威尔特郡南雷克豪城堡

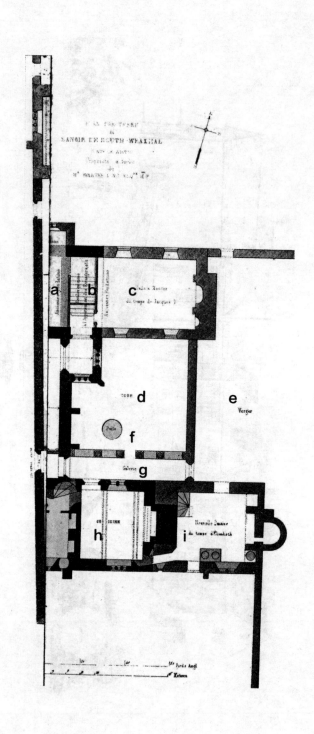

威尔特郡南雷克豪城堡地面一层的平面图：a. 旧墙基　b. 楼梯间　c. 餐厅　d. 庭院　e. 果园　f. 井　g. 走廊
h. 厨房　i. 新厨房

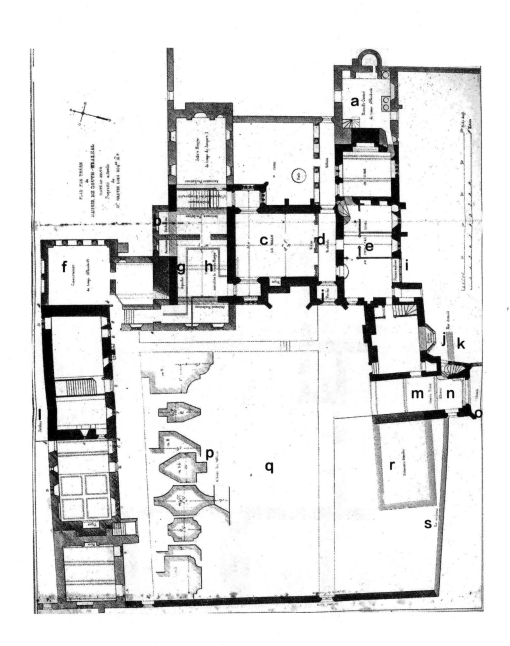

威尔特郡南雷克豪城堡：a.新厨房　b.古代墙基　c.大厅　d.门廊　e.古代接待室　f.博物馆　g.引水渠　h.地下室　i.现代窗户　j.门厅　k.毁坏的墙　l.花园　m.大门　n.入口　o.路　p.办公室细节　q.庭院　r.毁坏的建筑　s.现代的墙

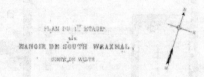

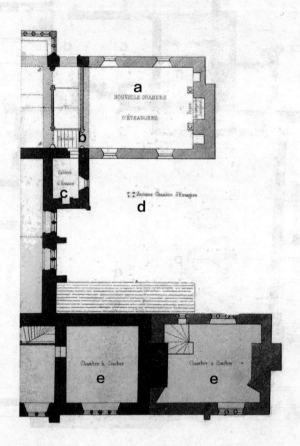

威尔特郡南雷克豪城堡：a. 新客房　b. 楼梯　c. 厕所　d. 老客房　e. 卧室

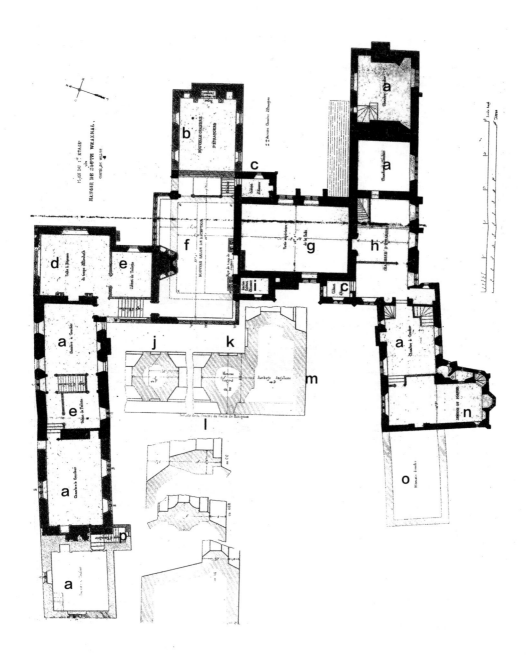

威尔特郡南雷克豪城堡二楼的平面图：a. 卧室　b. 新客房　c. 厕所　d. 早午餐厅　e. 盥洗室　f. 楼梯间　g. 大厅　h. 客房　i. 旧厕所　j. 中庭 F　k. 中庭 E　l. 客厅窗户的细节　m. 拐角上的壁柱　n. 门房　o. 毁坏的建筑　p. 楼梯间

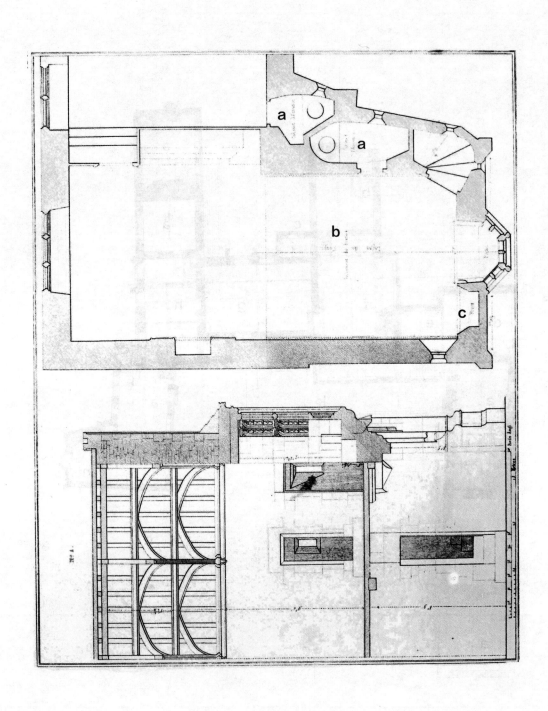

威尔特郡南雷克豪城堡：a. 洗手间　b. 看门人住所　c. 壁炉

威尔特郡南雷克豪城堡主入口上方的凸肚窗的立面和剖面图

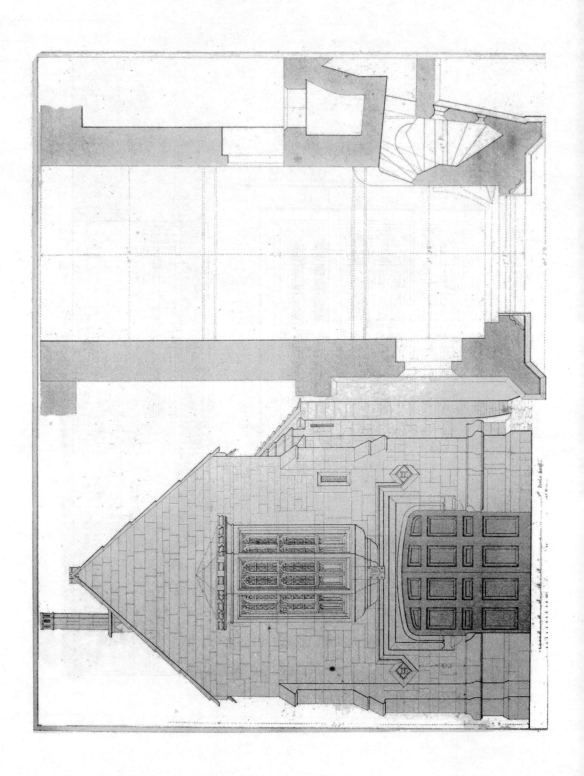

威尔特郡南雷克豪城堡主入口的外立面和平面图

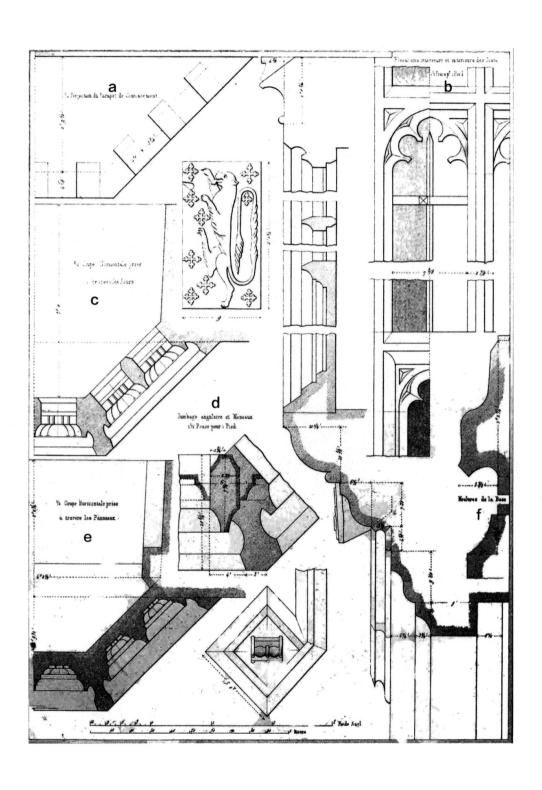

威尔特郡南雷克豪城堡主入口上方凸肚窗的细节：a. 环绕的女儿墙的垂直投影　b. 内部的立面和外部的透光孔
c. 横截面　d. 角上的竖框（窗）e. 横截面　f. 基座的装饰线脚

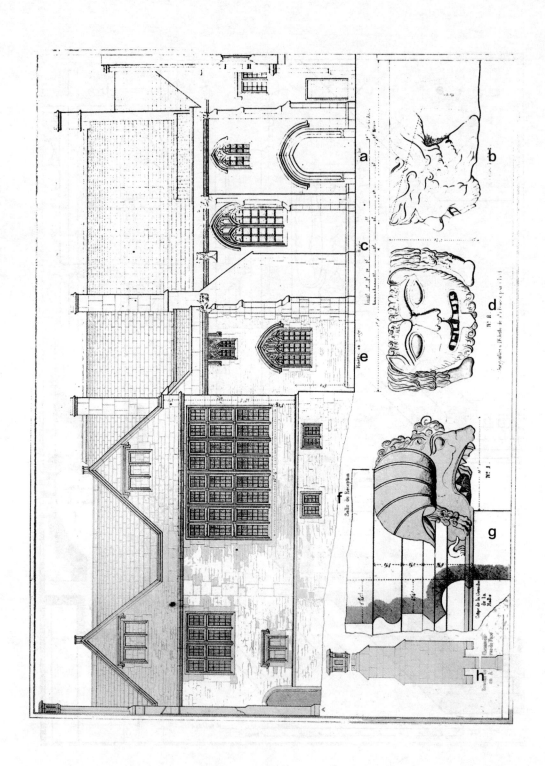

威尔特郡南雷克豪城堡大厅、接待客厅的表面和旁边院子的相关细节：a.门厅　b.侧面　c.大厅　d.石鬼像（滴水）　e.回廊窗户　f.会客大厅　g.大厅的檐口　h.烟囱和基座

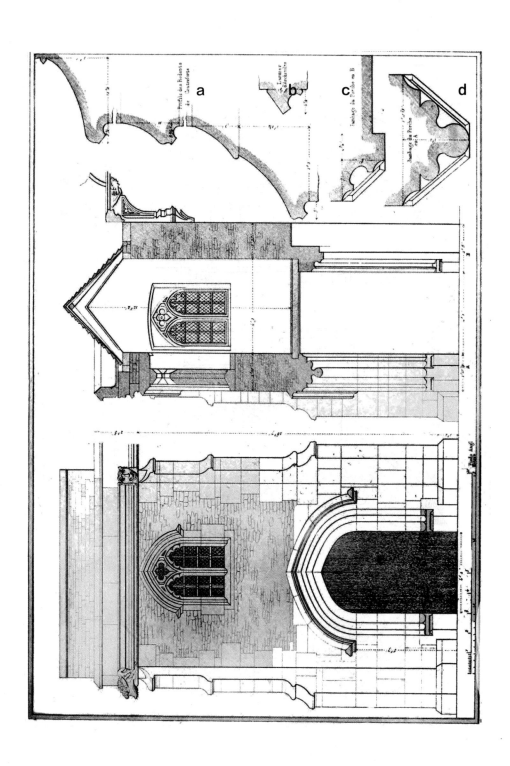

威尔特郡南雷克豪城堡门厅的立面、切面和一些细节：a.梯形扶垛 b.滴水石 c.侧壁柱 B d.侧壁柱 A

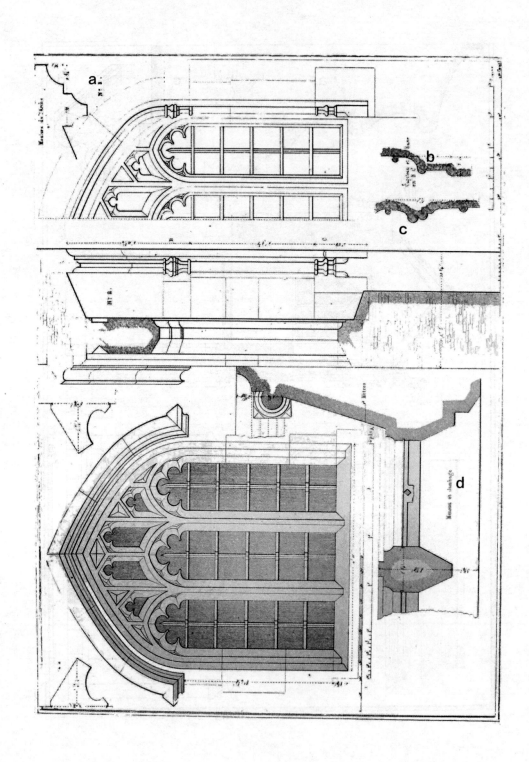

威尔特郡南雷克豪城堡大厅西南侧回廊的窗子内立面、外侧剖面和一些细节：a. 窗拱的线脚　b. 柱基　c. 柱头 d. 窗竖框

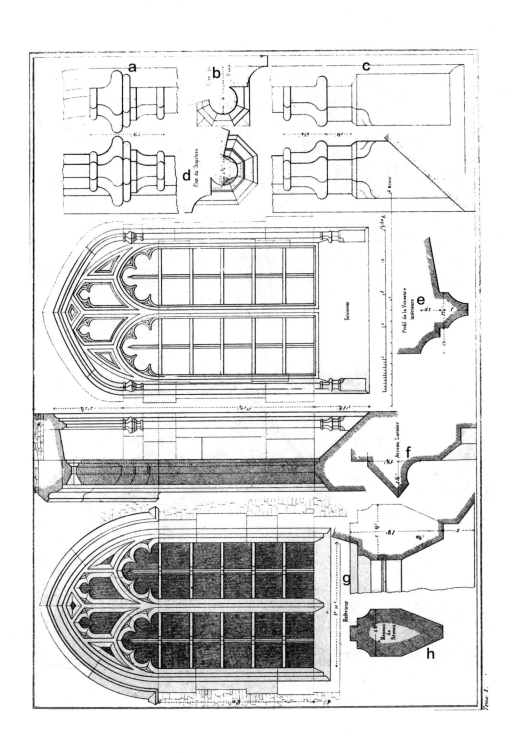

威尔特郡南雷克豪城堡大厅窗户的外立面、内立面和细节：a. 柱头　b. 柱基的平面图　c. 柱基　d. 柱头的平面图　e. 内窗棂　f. 滴水石　g. 外侧　h. 窗网格中梃

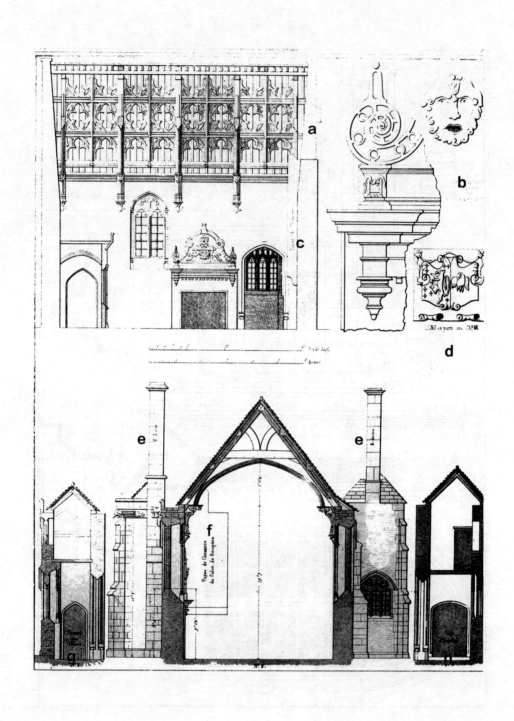

威尔特郡南雷克豪城堡大厅的横截面、纵切面、窗和壁炉的装饰细节：a. 被拆毁的墙 b. 壁炉细节 c. 烟囱管道 d. 纹章 e. 新的 f. 接待大厅的烟囱管道 g. 办公室的通道 h. 楼梯间

威尔特郡南雷克豪城堡大厅屋顶的横截面和装饰细节：a. 梁托　b. 纹章　c. 主椽的顶端　d. 线脚　e. 屋架下弦
f. 屋顶的桁架

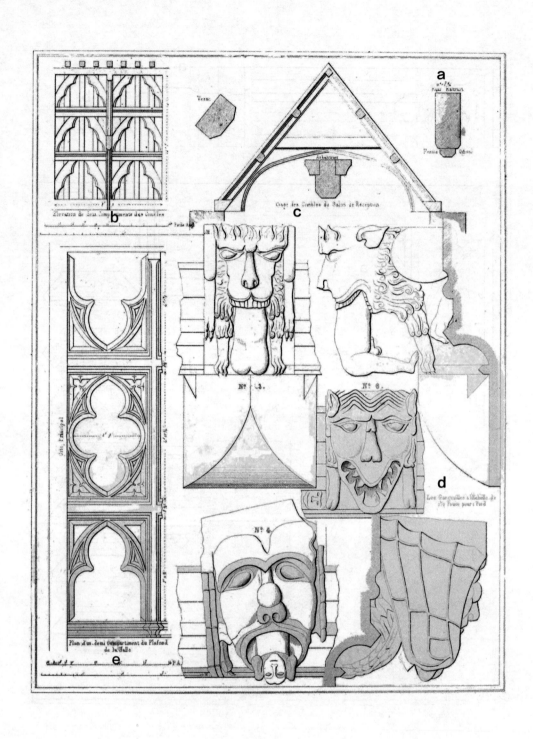

威尔特郡南雷克豪城堡另一个大厅的屋顶架细节和装饰木板：a. 尖顶穹窿的屋架下弦　b. 屋顶架的格子立面
c. 接待大厅的屋架结构　d. 石像鬼滴水嘴　e. 大厅天花板的半个格子

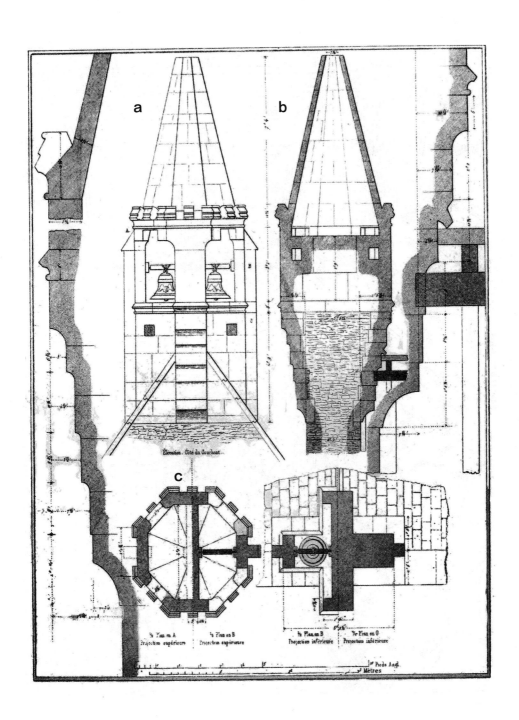

威尔特郡南雷克豪城堡小钟楼：a. 立面图　b. 剖面图　c. 平面图

威尔特郡南雷克豪城堡文艺复兴风格绚丽多彩的接待大厅

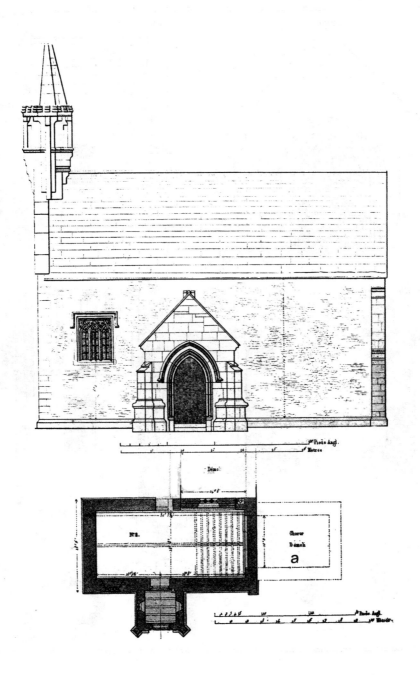

威尔特郡比迪斯通村的教堂南立面和地面一层平面图：a. 被拆毁的祭坛

威尔特郡南雷克豪城堡南侧入口的细节的平面图、剖面图和立面图：a. 侧壁柱 B　b. 柱基线脚　c. 滴水石

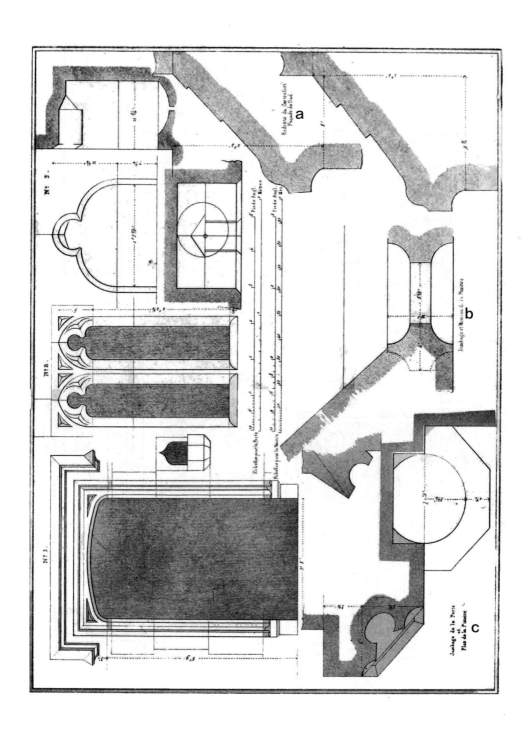

威尔特郡南雷克豪城堡大门内侧、南面门厅的窗户和小礼拜堂的洗礼池：a. 朝南的梯形墙　b. 侧柱和窗中梃　c. 大门的侧柱和洗礼池的平面图

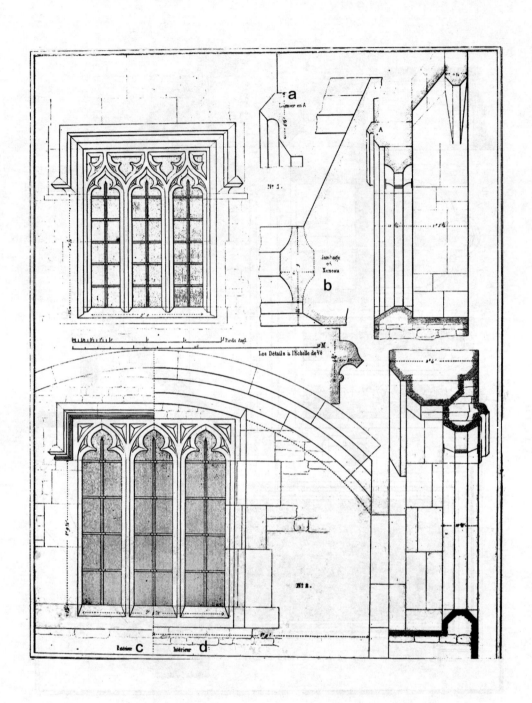

威尔特郡南雷克豪城堡南面的窗户、另一扇位于头线下方的窗户和一些相关细节：a.挑口板 A　b.窗中梃　c.外侧　d.内侧

a. 比迪斯通的圣彼埃尔（彼得）教堂的小钟楼　　b. 比迪斯通的圣君古拉斯教堂的小钟楼　　c. 雷克豪（地名）的长教堂石棺的草图

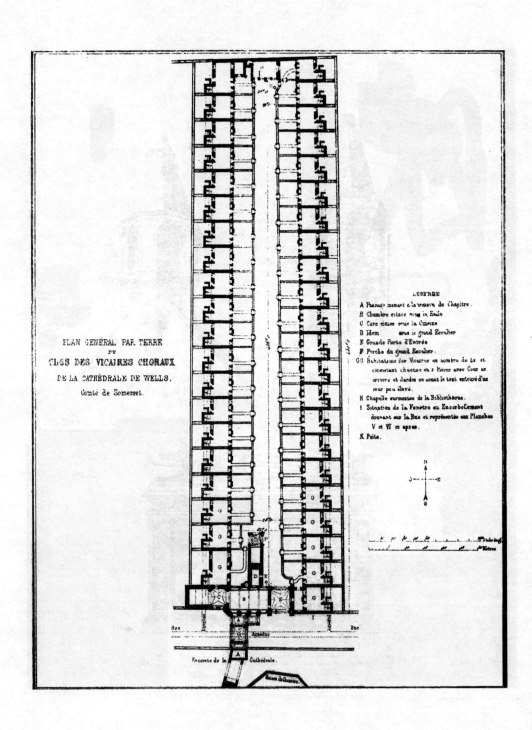

索美塞特郡韦尔斯大教堂总平面图

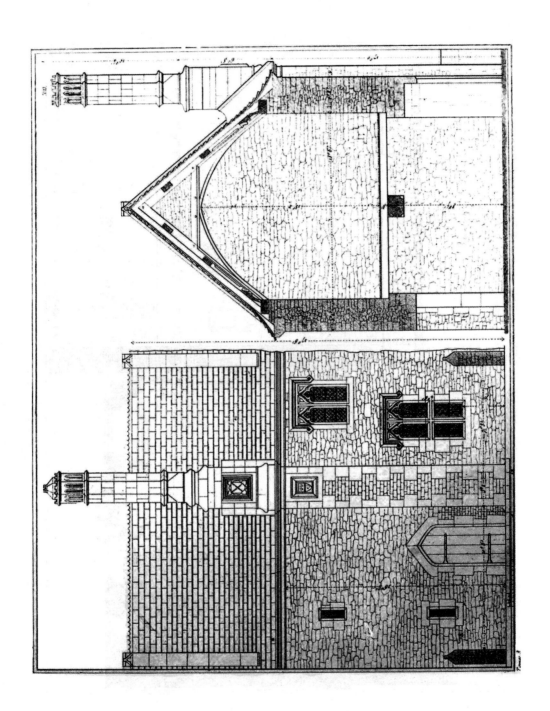

威尔斯合唱团维凯尔庄园的立面图和剖面图

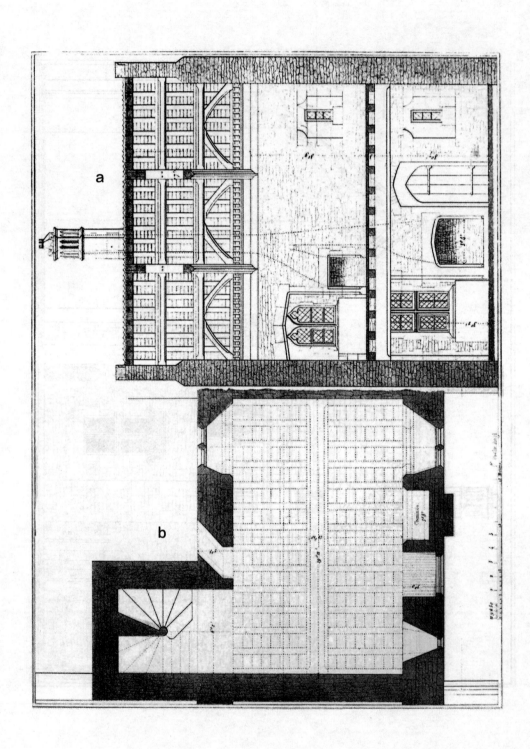

威尔斯合唱团维凯尔庄园：a. 纵向剖面图　b. 住宅的一层平面图

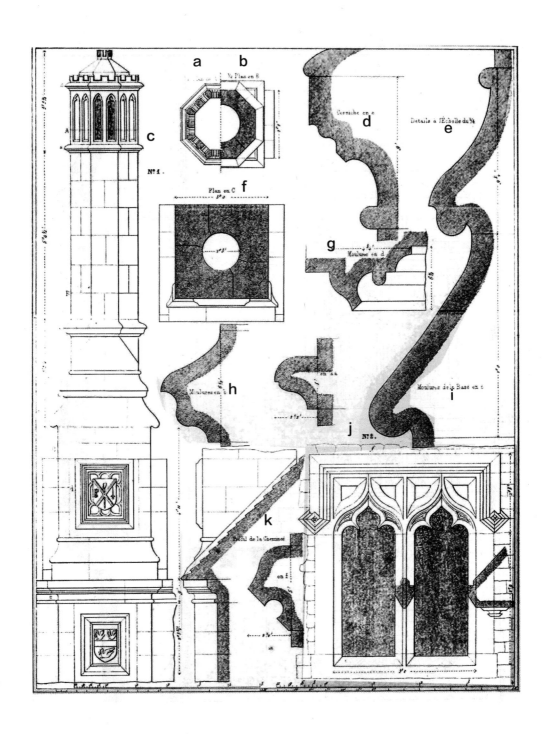

威尔斯合唱团维凯尔庄园：a. 平面图 A　　b. 平面图 B　　c. 塔楼和塔基　　d. 上楣　　e. 一层的细节　　f. 平面图 C
g. 线脚 d　　h. 线脚 b　　i. 系做的装饰线角　　j. 窗子　　k. 壁炉的剖面图

威尔斯合唱团维凯尔庄园：a. 凸肚窗的正视图   b. 凸肚窗的剖视图

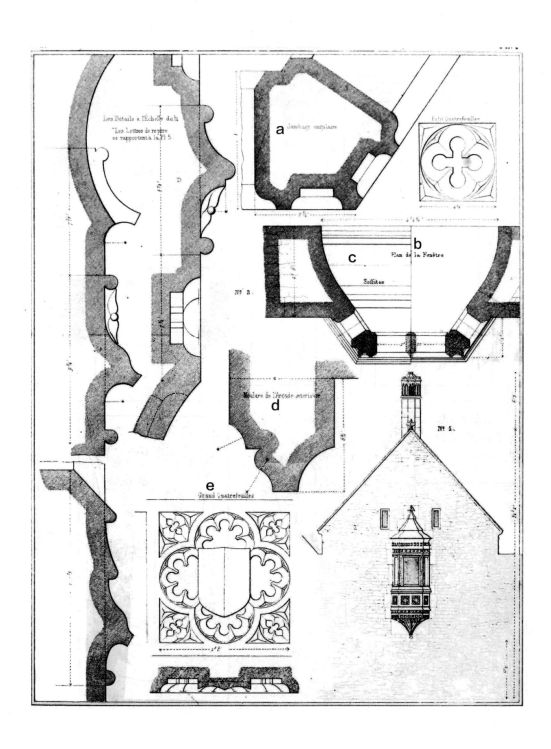

威尔斯合唱团维凯尔庄园凸肚窗木制部分的平面图、细节和窗子所位于的人字山墙的立视图：a.拐角的侧柱　b.窗子平面图　c.拱腹　d.拱廊内部的线脚　e.四叶饰

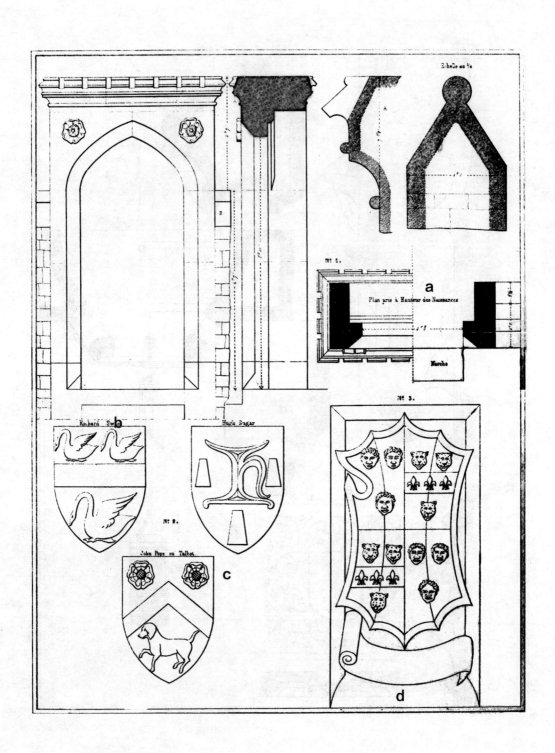

威尔斯合唱团维凯尔庄园：a. 起拱线的高度　b. 理查德天鹅的盾形装饰　c. 有关遗嘱执行人的字谜　d. 盾形纹章主教的纹章

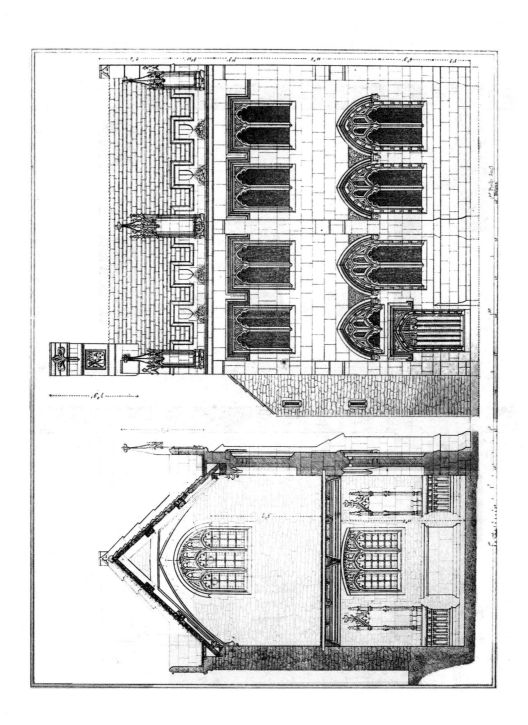

威尔斯合唱团维凯尔庄园小礼拜堂、它上面的图书馆南面立视图和剖面图

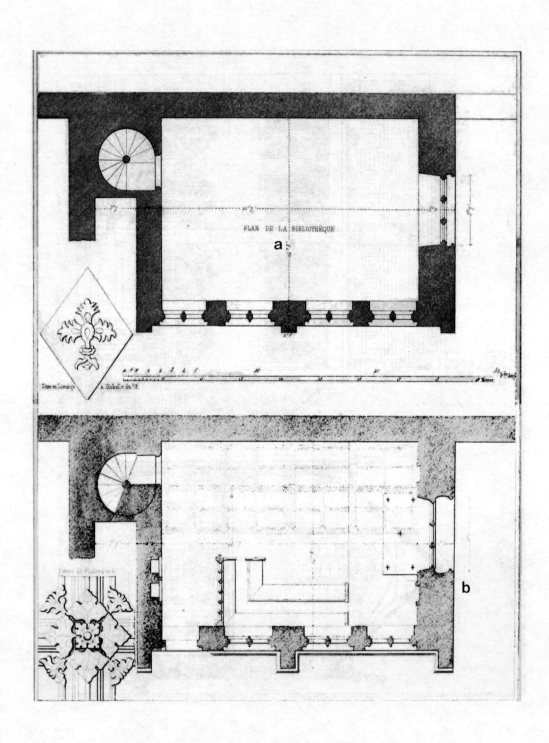

威尔斯合唱团维凯尔庄园：a. 图书馆平面图　b. 小礼拜堂

威尔斯合唱团维凯尔庄园：a. 滴水石剖面　b. 大线脚的剖面

威尔斯合唱团维凯尔庄园小礼拜堂一个开间立视图、剖面图和细节：a. 内侧立视图

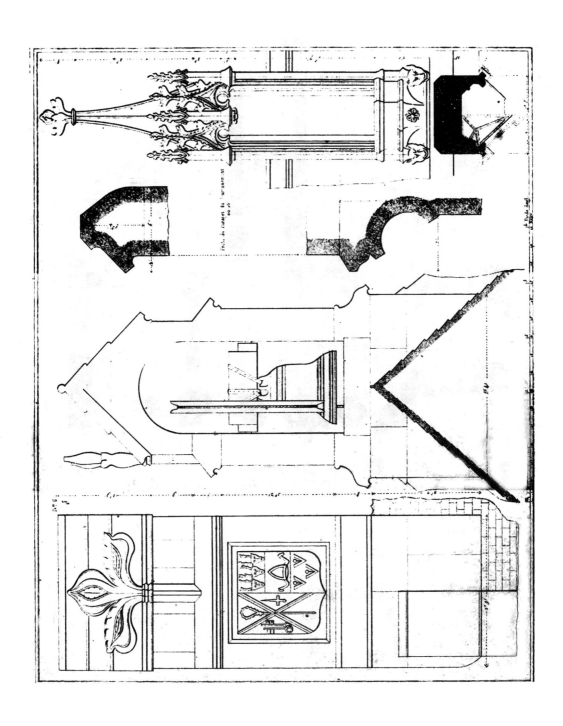

威尔斯合唱团维凯尔庄园位于角上的小尖塔

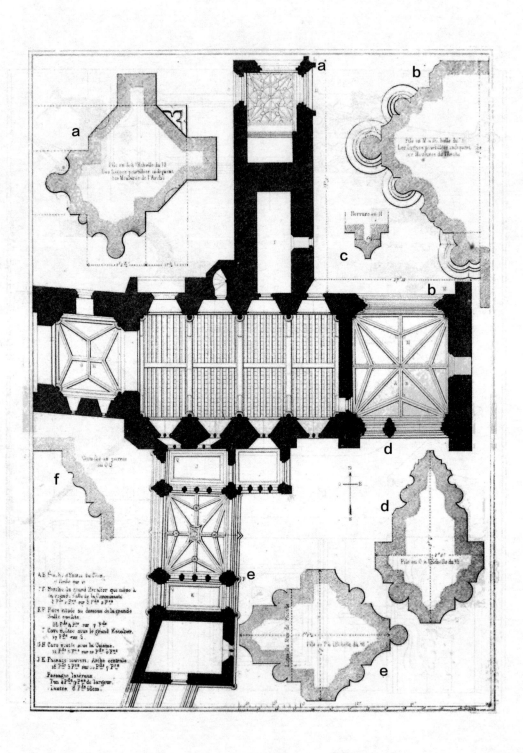

威尔斯合唱团维凯尔庄园一层、大厅、门厅、入口带屋顶的通道的平面图：a、b、d、e.柱基　c.肋　f.上楣

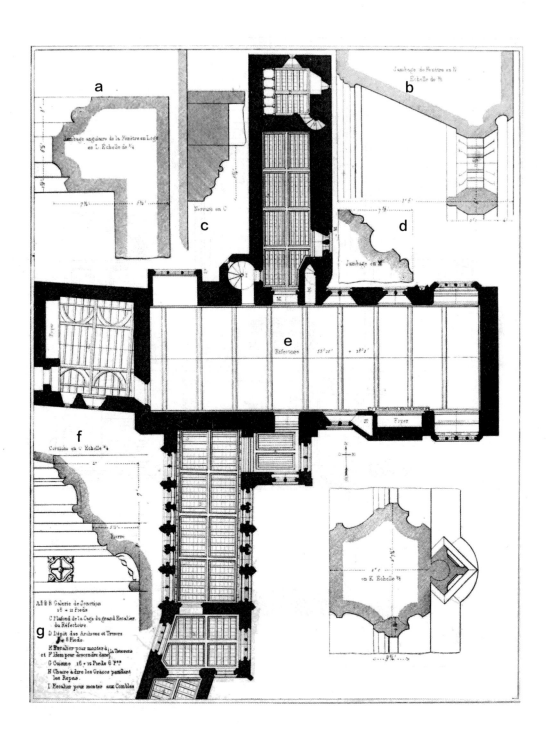

威尔斯合唱团维凯尔庄园：a.回廊窗子侧壁柱　b.窗侧壁柱　c.肋C　d.侧壁柱M　e.食堂　f.上楣、挑檐　g.C:食堂大楼梯的天花板和墙　D:档案室　E:楼梯上行　F:楼梯下行　G:厨房　H:餐前祷告席　I:通往顶楼的楼梯

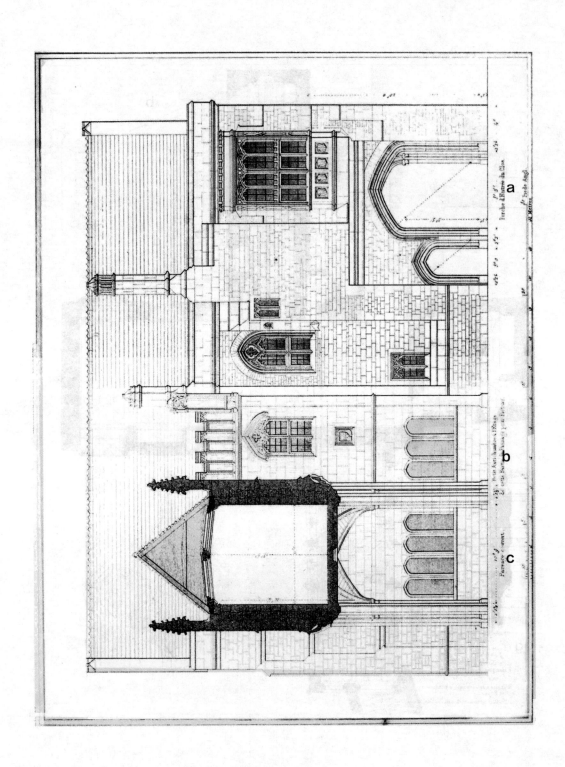

威尔斯合唱团维凯尔庄园的大厅、入口南侧立视图、包括一个通道（有屋顶的）的横切截面图：a. 关闭的门厅
入口　b. 一层的小侧厅这部分供行人通过　c. 有屋顶的通道

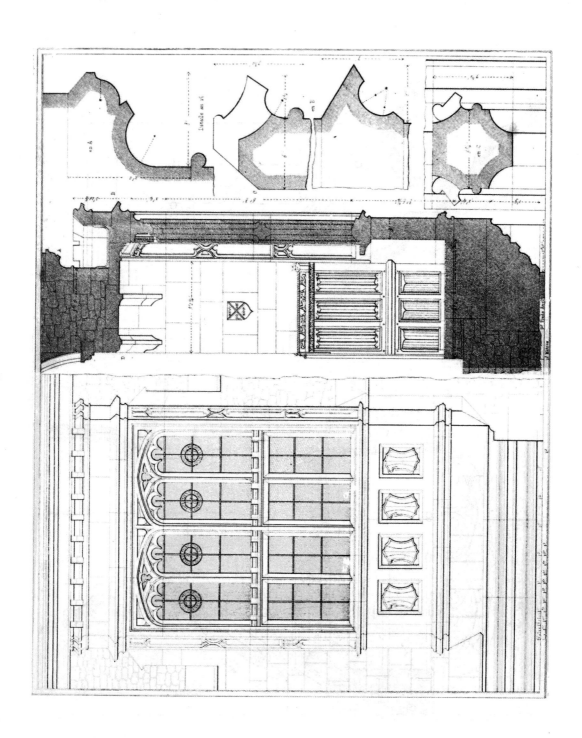

威尔斯合唱团维凯尔庄园关闭的门厅入口上面凸出的窗子立视图和剖面图

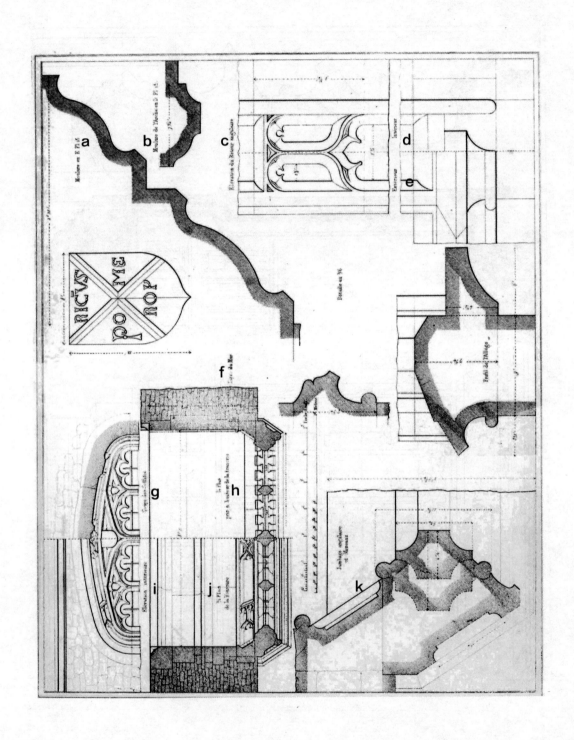

威尔斯合唱团维凯尔庄园：a.线脚 E　b.线脚 D　c.凸出角的正视图　d.内部　e.外部　f.砖墙的界线　g.拱腹的剖面图　h.横梁的高度　i.内部的正视图　j.拱窗头线的平面图　k.角上的侧壁柱

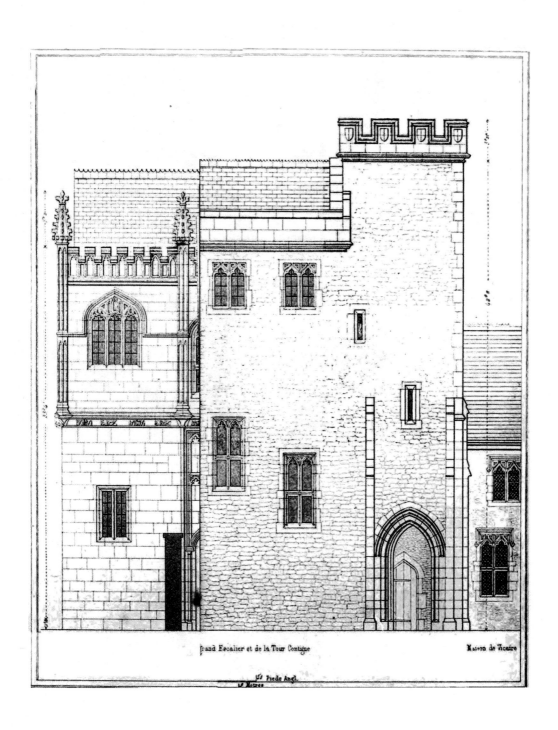

Grand Escalier et de la Tour Contigue   Maison de Vicaire

威尔斯合唱团维凯尔庄园

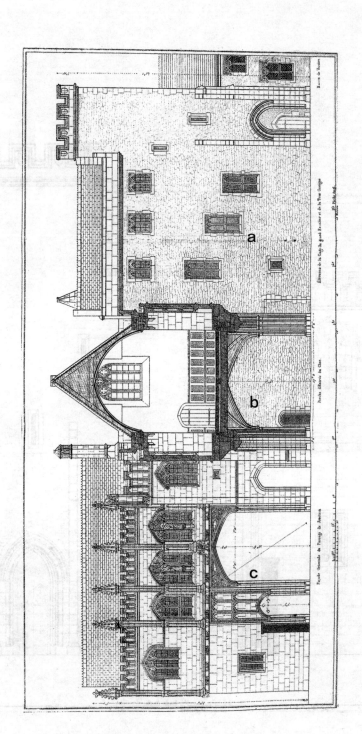

威尔斯合唱团维凯尔庄园的食堂（餐厅）、门厅入口东侧连结通道的横截面、主楼梯塔楼和玄关楼梯的外墙：

a. 主楼梯和毗邻的塔楼外墙的主面　b. 封闭的门廊入口　c. 东面的连结通道

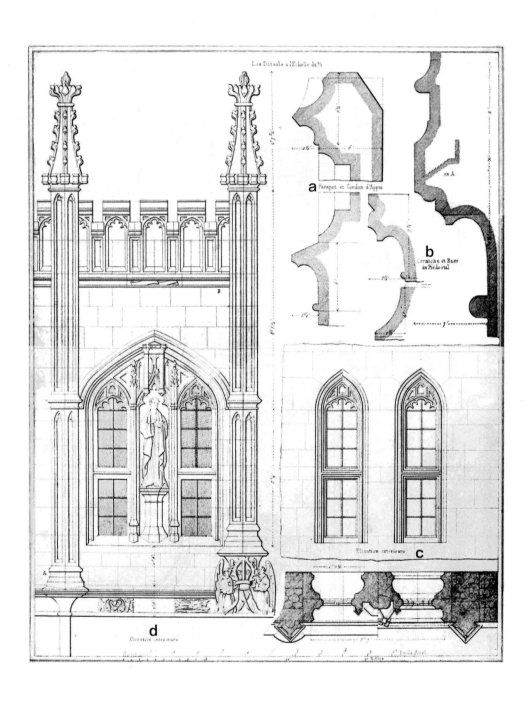

威尔斯合唱团维凯尔庄园连接长廊和通道的一个开间：a. 女儿墙的带饰　b. 上楣和柱基　c. 外部主视图　d. 内侧正视图

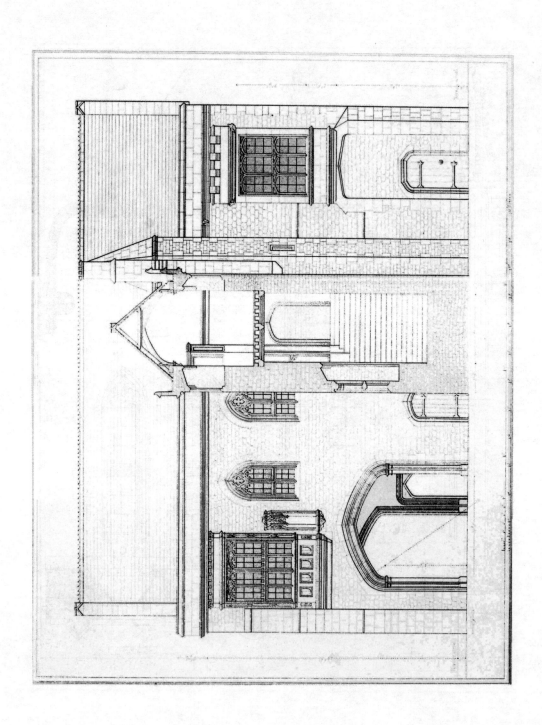

威尔斯合唱团维凯尔庄园位于园圃内侧餐厅的立面和主楼梯的横截面

威尔斯合唱团维凯尔庄园：a. 侧柱　b. 窗中梃

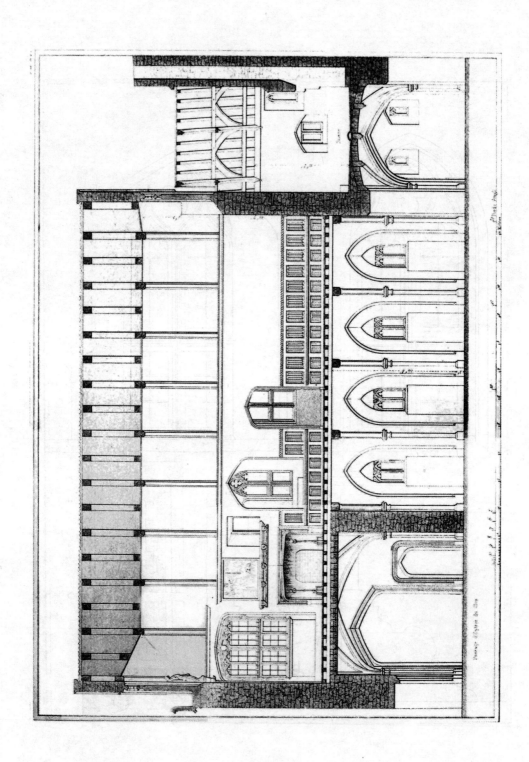

威尔斯合唱团维凯尔庄园食堂（餐厅）的纵向剖面图

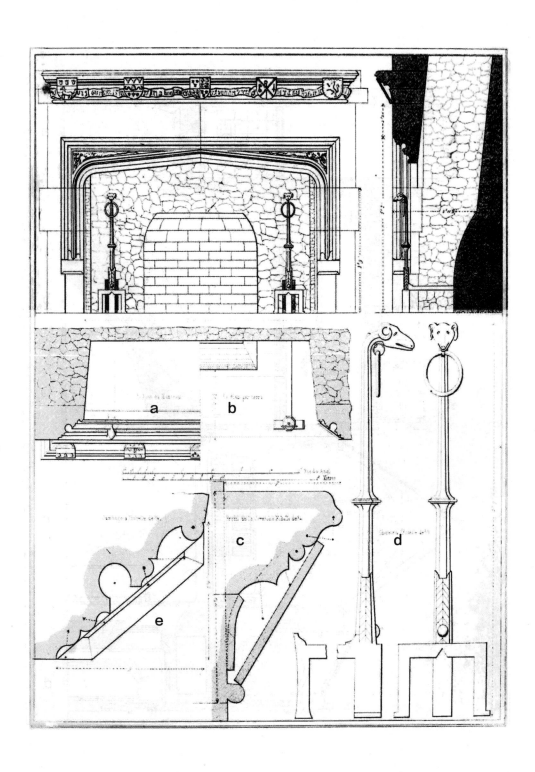

威尔斯合唱团维凯尔庄园餐厅壁炉的细节立视图、平面图和剖面图：a.壁炉台平面图　b.地面　c.上楣　d.柴架　e.侧壁柱

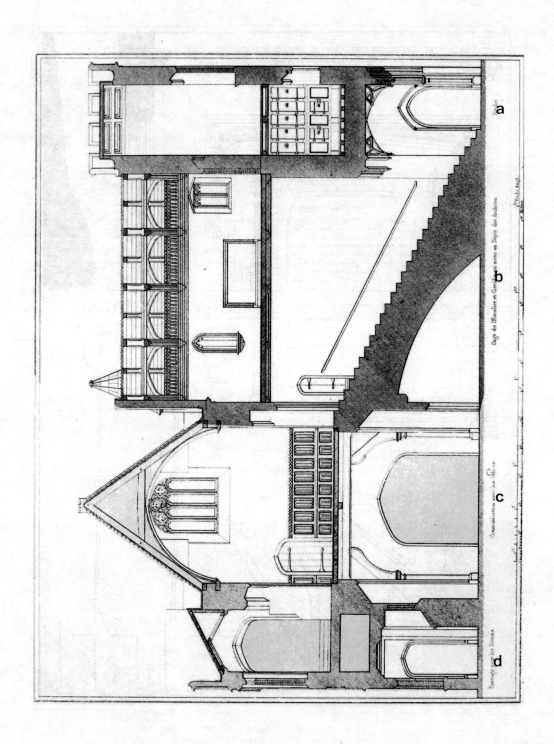

威尔斯合唱团维凯尔庄园食堂和大楼梯门厅的横切面：a. 门厅   b. 楼梯墙面和通往档案室的过道   c. 与配膳室相连的通道   d. 通往步行道的过道

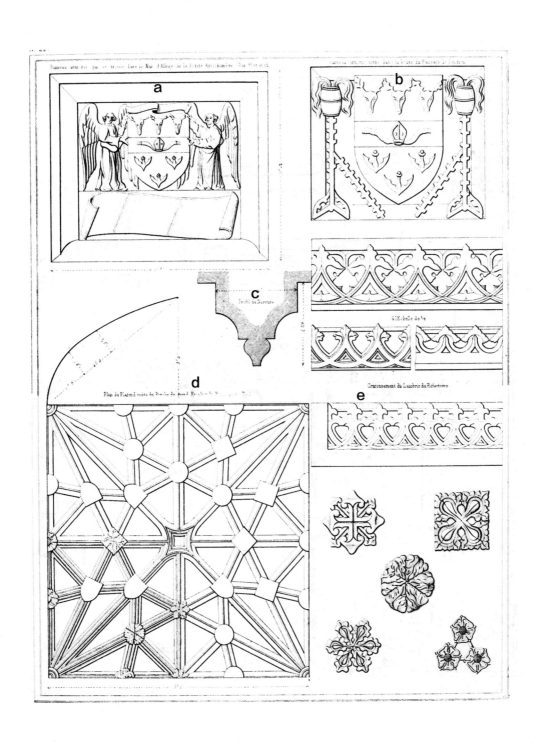

威尔斯合唱团维凯尔庄园餐厅、大楼梯穹顶和天花板的装饰细节：a. 小门厅的饰以纹章的护墙板　　b. 拱顶的连接通道的纹章护墙板　　c. 肋的剖面　　d. 主楼梯玄关的天花板装饰的平面图　　e. 餐厅的环绕墙裙

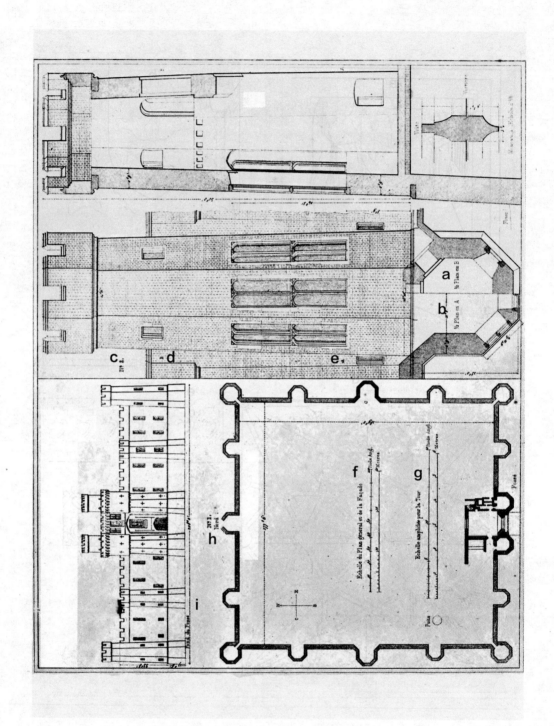

萨塞克斯郡赫尔斯顿南塞尔庄园：a.B 的平面图　b.A 的平面图　c.塔 C 的立面图、平面图和剖面图　d.B　e.A　f. 总比例尺　g. 塔的比例　h. 南面的总平面图　i. 排水沟

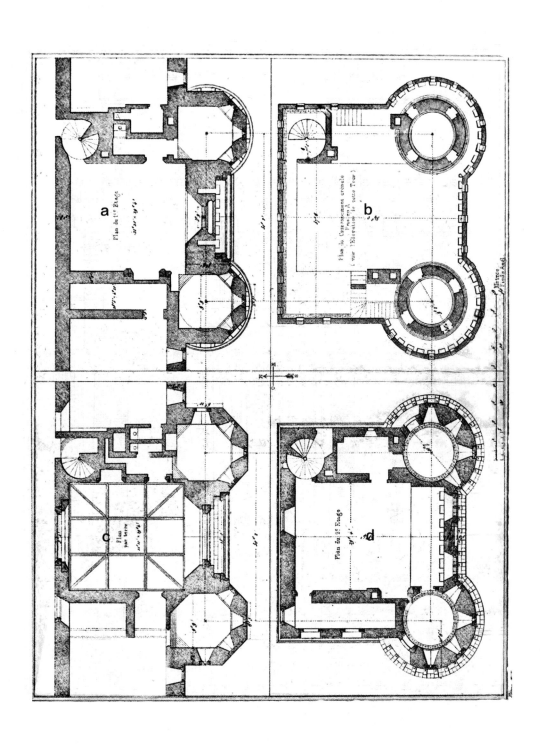

萨塞克斯郡赫尔斯顿南塞尔庄园塔楼各层的平面图：a. 二层的平面图　b. 顶层的平面图　c. 地面一层的平面图
d. 三层的平面图

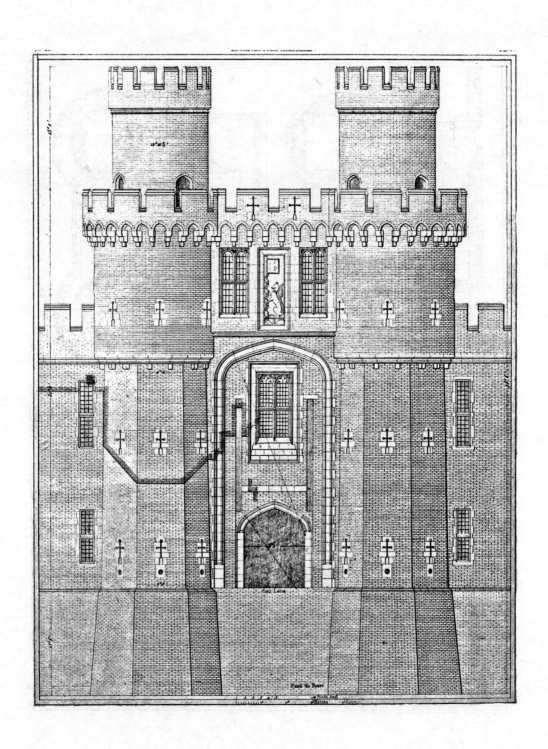

萨塞克斯郡赫尔斯顿南塞尔庄园南立面和主入口

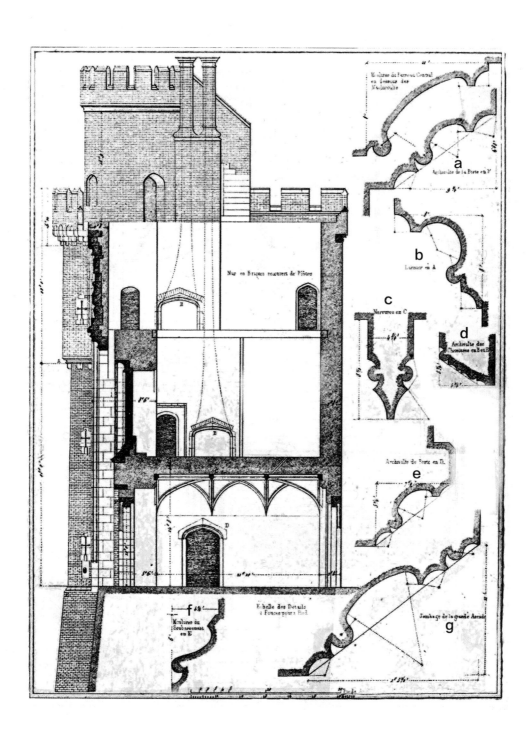

萨塞克斯郡赫尔斯顿南塞尔庄园塔入口的南北剖面图和塔的装饰线脚：a.F 的缘饰　b.滴水石 A　c.肋 C
d.烟囱 E、F 的缘饰　e.拱门缘饰 D　f.墙基 E 的脚线　g.连拱廊侧壁柱

萨塞克斯郡赫尔斯顿南塞尔庄园：a. 城堡的一个枪眼的内侧和外侧　b. 入口上方的窗户的细节　c. 窗侧壁柱

萨塞克斯郡赫尔斯顿南塞尔庄园南侧入口上方的窗户和连拱廊和锯齿状墙垛：a. 立面图　b. 剖面图　c. 平面图

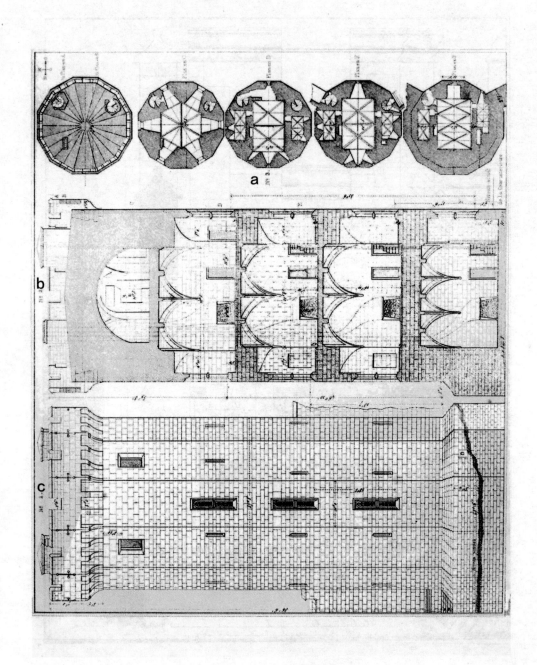

沃里克城堡塔楼：a. 塔楼各层的平面图　b. 南北的剖面　c. 北侧的立面

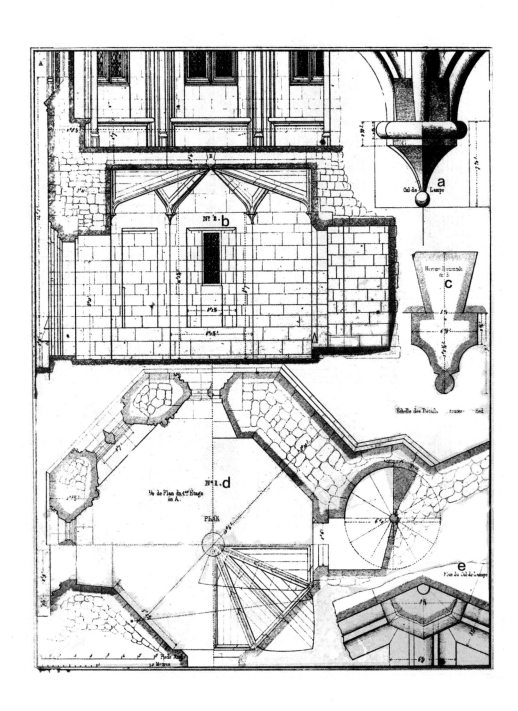

沃里克郡凯尼尔沃恩城堡：a. 垂饰　b. 八角形的门厅的平面图　c. 横向肋 B　d. 八角形的门厅的剖面图　e. 悬饰的平面图

沃里克郡凯尼尔沃恩城堡八角形门厅的立面和细节：a. 窗侧柱 A　b.A　c.B　d. 窗台 B　e.C　f. 窗侧柱 C
g. 大门口的侧柱　h. 石座　i. 二层内拐角的平面图

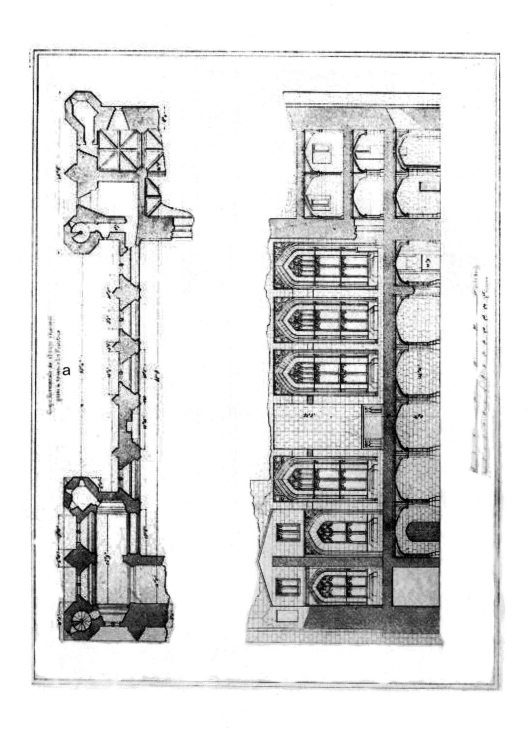

凯尼尔沃恩城堡宴会厅的纵向剖面图：a. 通过主体窗户的二层的水平剖面图

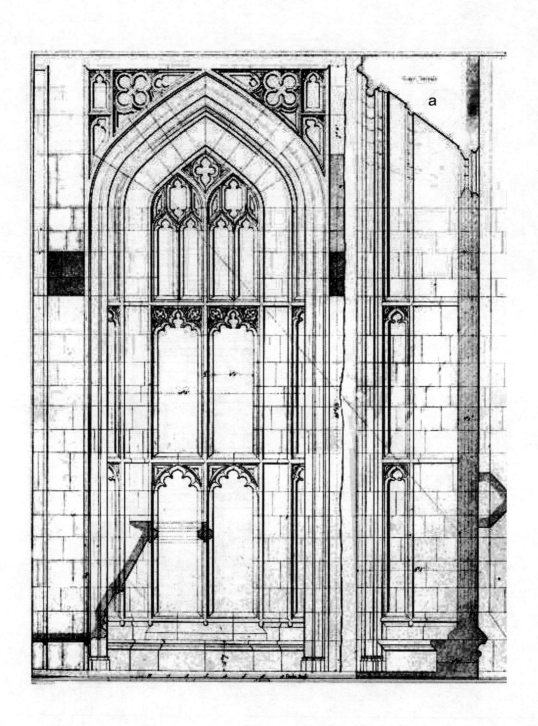

凯尼尔沃恩城堡大厅一扇窗户的内侧立面：a. 中心剖面

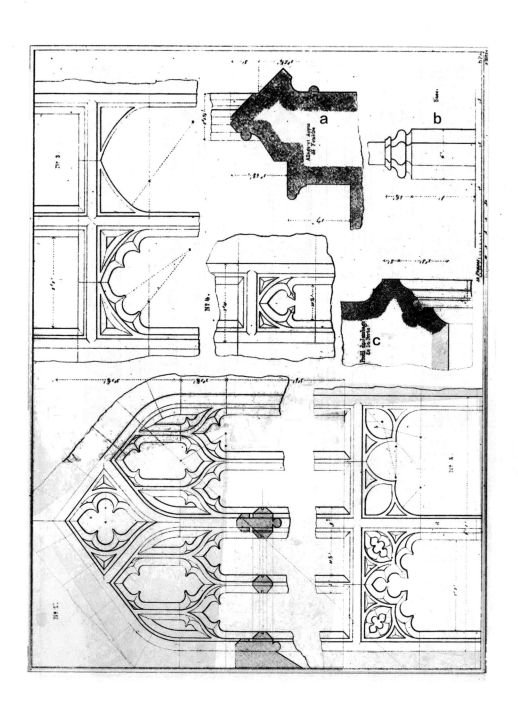

凯尼尔沃恩城堡大厅窗户的网格和细节：a.窗台　b.柱础　c.窗口侧柱

凯尼尔沃恩城堡大厅回廊的窗户内立面（朝向庭院）：a. 窗台

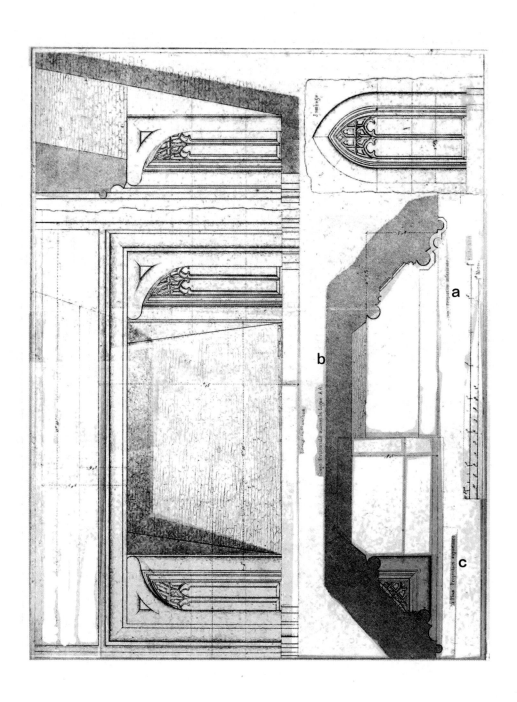

凯尼尔沃恩城堡大厅的石头壁炉：a.内侧的垂直投影　b.A-A的水平剖面　c.上面的垂直投影

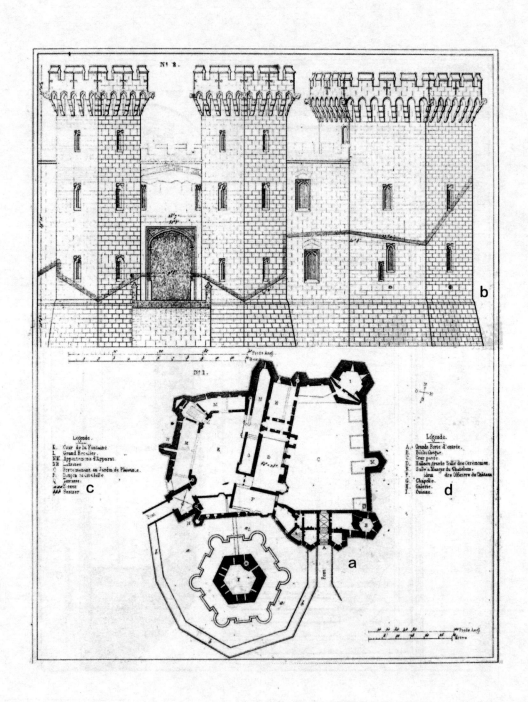

蒙默思郡（英国威尔士原名）瑞兰德城堡：a. 地面一层总平面图　　b. 城堡带角塔楼 A 与 B 连接处城堡的主入口的外侧立视图　c.A: 主入口　B: 藏书楼、图书馆　C: 铺砌地面的院子　D: 典礼大厅　E: 宴会厅　F: 城堡的办公室　G: 小礼拜堂　H: 走廊　I: 厨房　d.K: 庭院喷泉　L: 主楼梯　MM: 毗连的房间　NN: 厕所　O: 通向游乐花园的通道　P: 城堡主塔　Q: 平台　aaa. 地沟　bbb. 小路

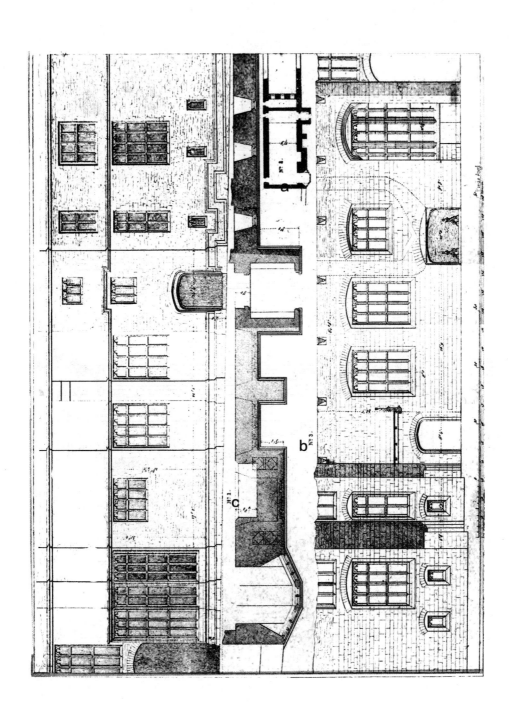

蒙默思郡（英国威尔士原名）瑞兰德城堡：a. 大厅的总平面图   b. 大厅的纵向剖面图   c. 大厅东侧的立视图

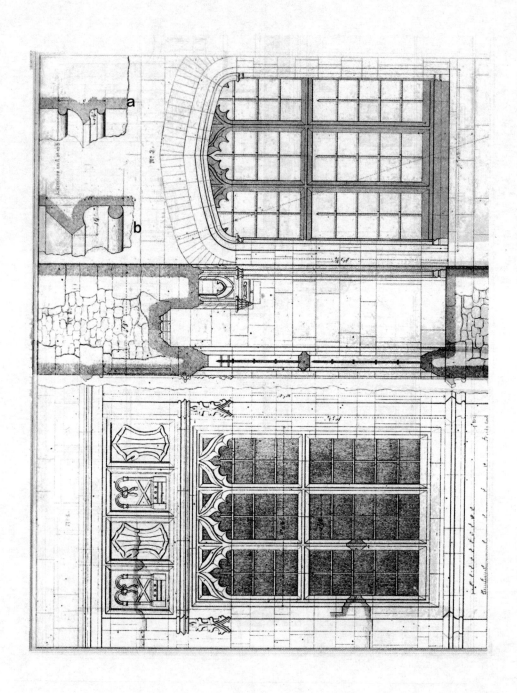

蒙默思郡（英国威尔士原名）瑞兰德城堡主卧室大窗的外侧、内侧和剖面：a. 滴水石 B　b. 滴水石 A

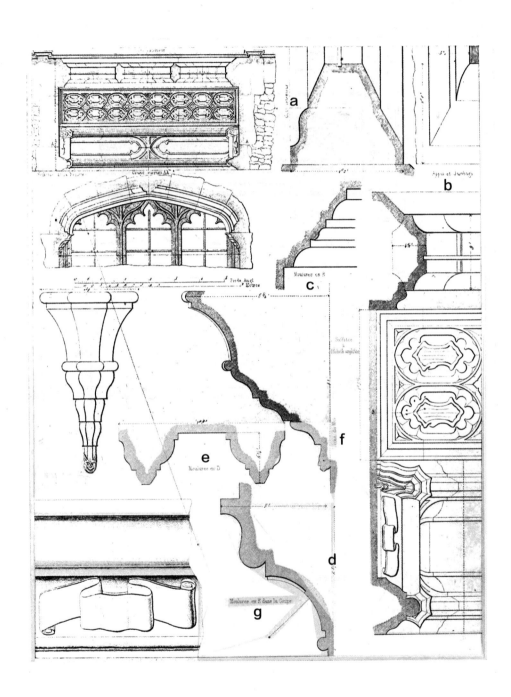

蒙默思郡（英国威尔士原名）瑞兰德城堡豪华卧室的装饰细节：a.内侧　b.窗台　c.线脚B　d.梁腹　e.线脚D　f.墙线　g.线脚E

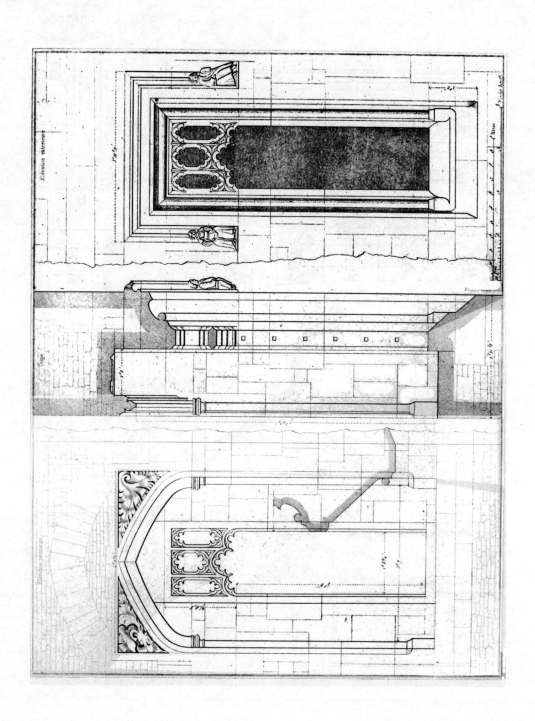

蒙默思郡（英国威尔士原名）瑞兰德城堡朝向喷泉庭院有华丽装饰的窗户

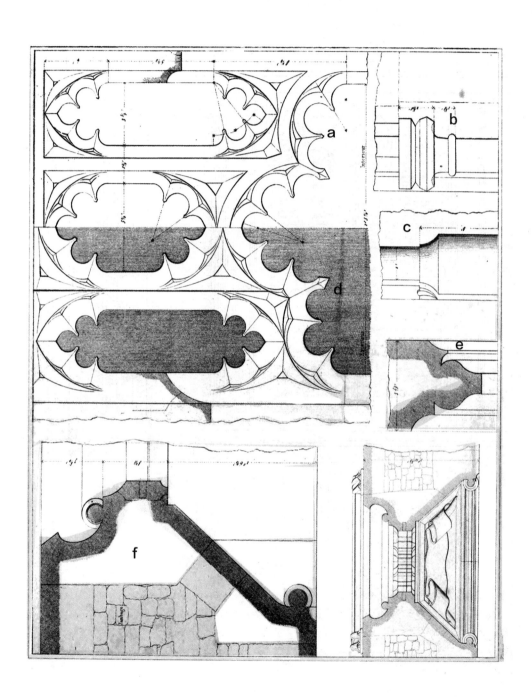

蒙默思郡（英国威尔士原名）瑞兰德城堡大套房的窗户细节：a. 内侧　b. 柱头　c. 柱础　d. 外侧　e. 中梃　f. 侧柱

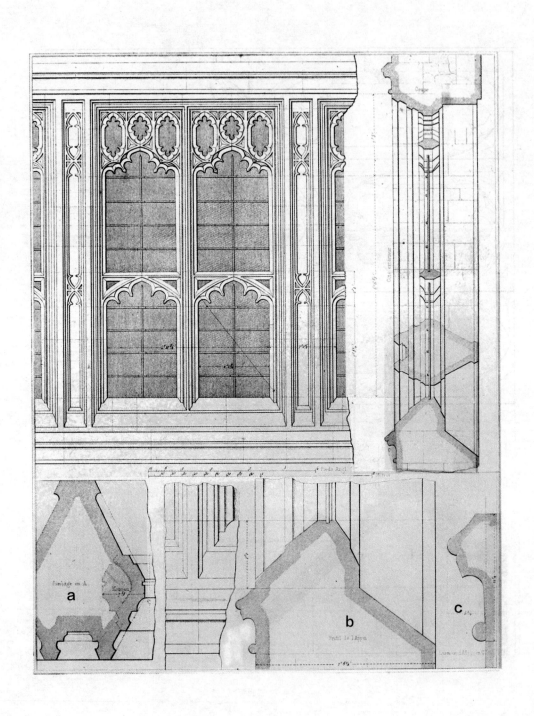

蒙默思郡（英国威尔士原名）瑞兰德城堡庭院的旁边二层主入口的窗户的立面、剖面和细节：a. 侧柱 A　b. 窗台　c. 滴水石板

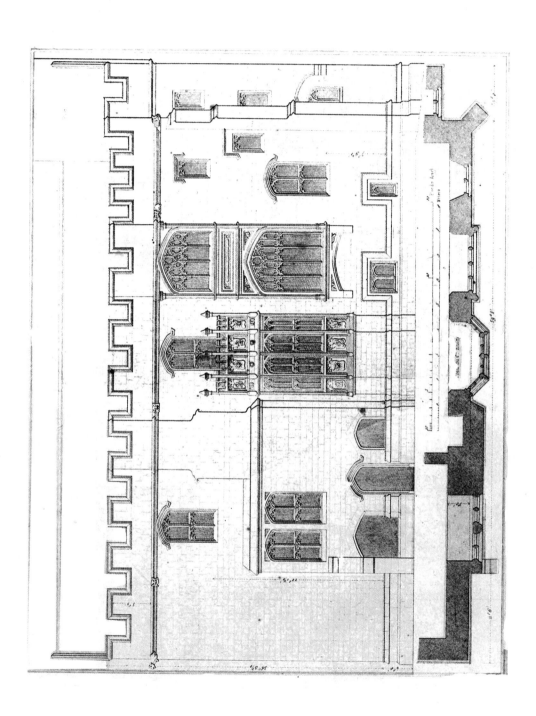

威尔士教长住所北立面的立视图和平面图

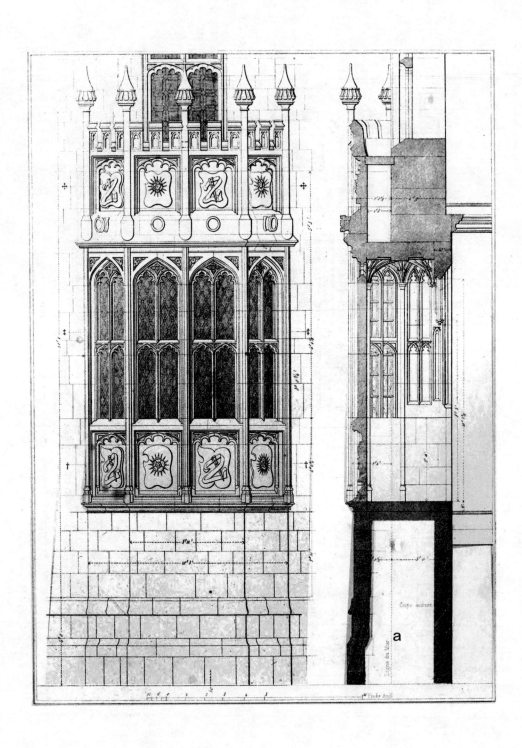

威尔士教长住所位于北立面凸肚窗的立视图和剖面图：a. 墙线

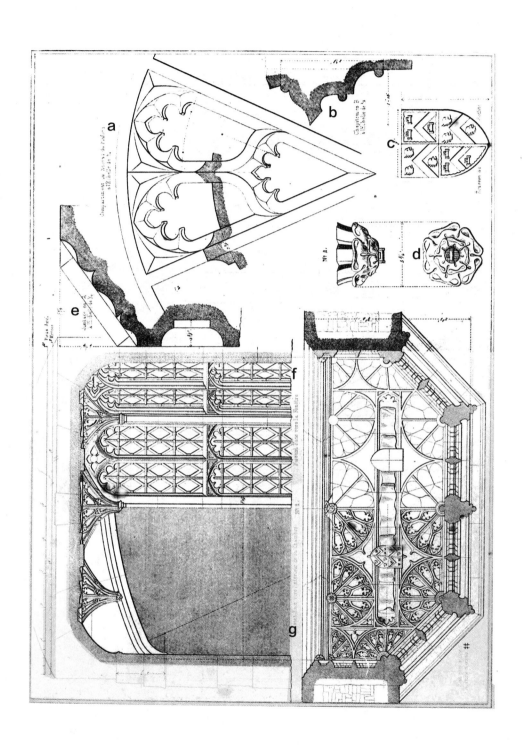

威尔士教长住所穹顶的剖面、内部细节和有族徽标志的窗户：a. 天花板的网格　b. 柱头 B　c. 盾形徽章　d. 都铎玫瑰　e. 侧柱 A　f. 窗户朝外的一面　g. 朝向房间内侧的一面

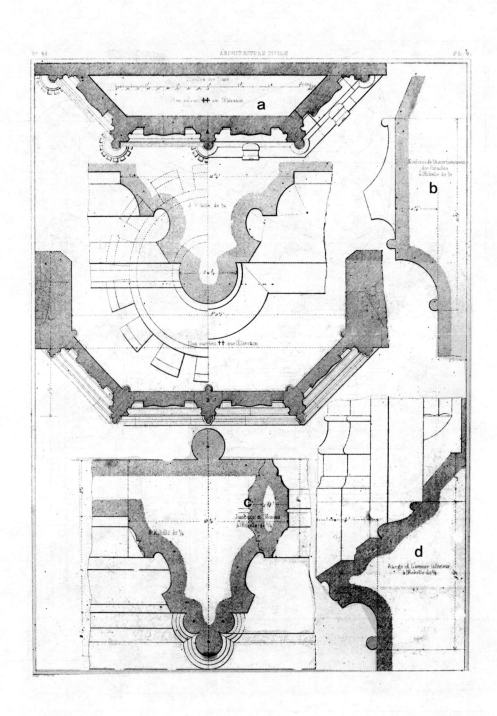

威尔士教长住所窗的平面图和细节：a. 平面图　　b. 小尖塔的顶部　　c. 侧柱　　d. 下面的挑口板

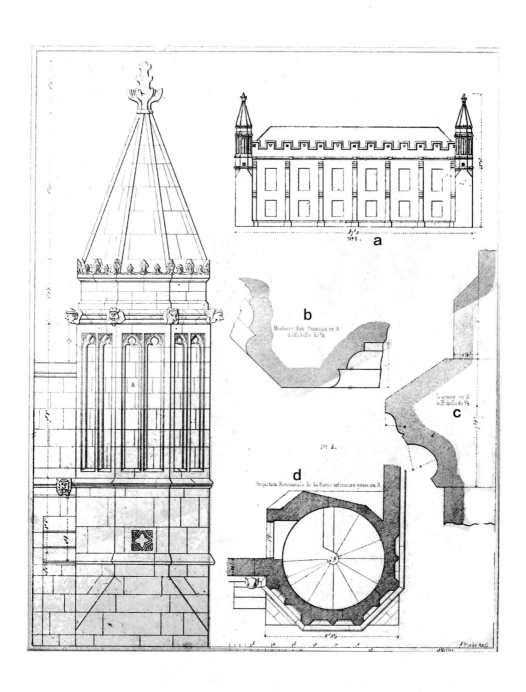

威尔士教长住所角上小塔楼的立视图、平面图和细节：a. 南立面　b. 护墙板的线脚　c. 挑口板 B　d. 下层的水平截面图

威尔士教长住所建筑北面双层凸肚窗的立视图、剖面图和细节

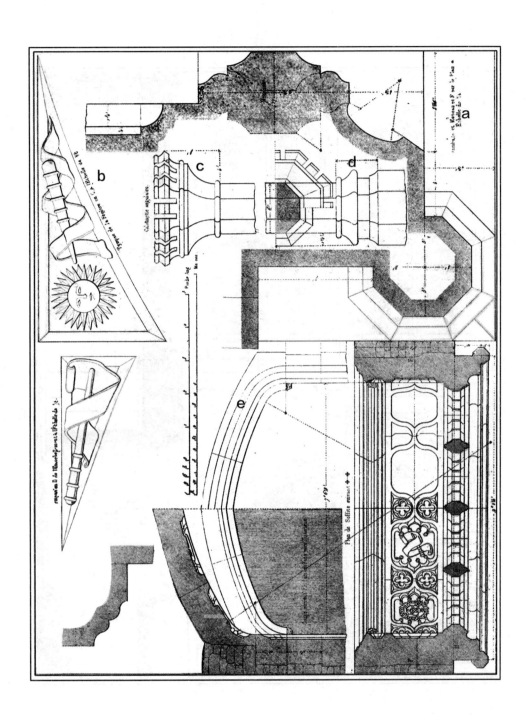

威尔士教长住所窗户的平面图、剖面图和细节：a. 侧柱 F　b. 拱肩　c. 柱头　d. 柱础　e. 拱腹

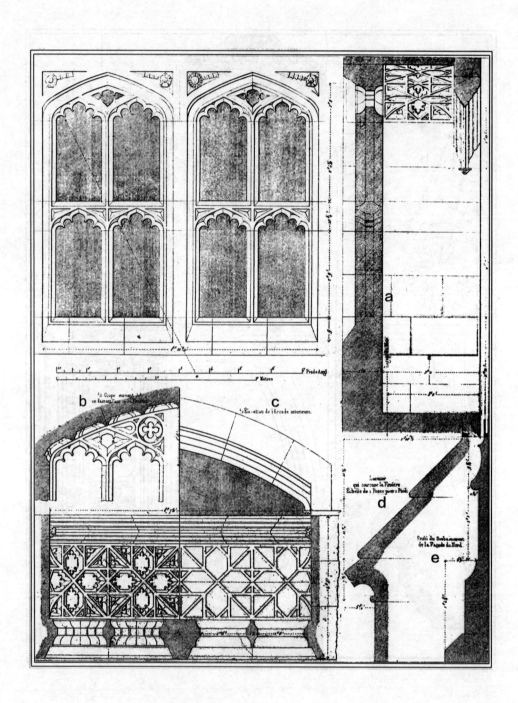

威尔士教长住所北面侯见大厅的双窗立视图和穹顶的剖面图：a. 墙线　b. 窗外侧　c. 尖拱的内侧　d. 窗户的挑口板　e. 北面的墙基

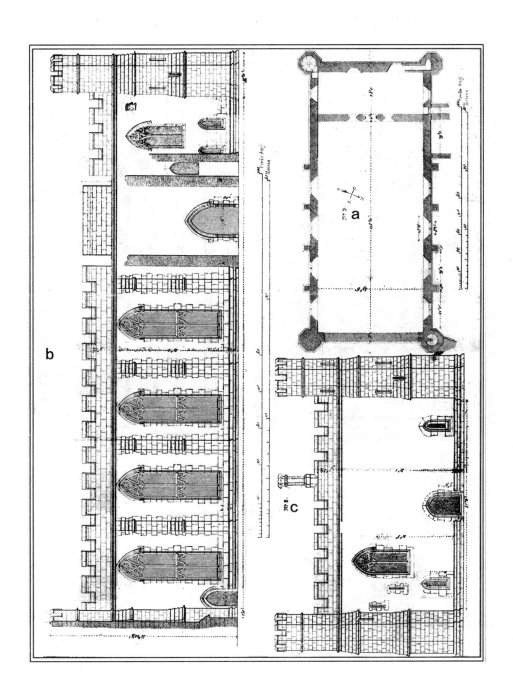

威尔士主教宫：a. 地面一层的总平面图　b. 北立面　c. 西立面

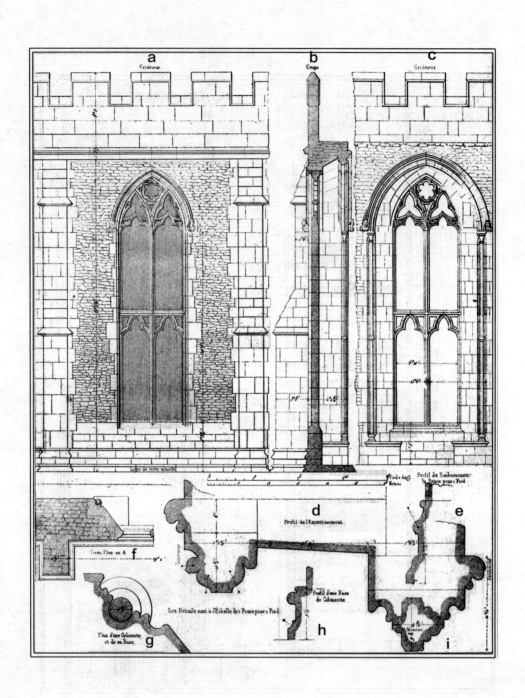

威尔士主教宫大厅窗户的内侧立面、外侧立面、剖面图和细节：a.外侧　b.剖面图　c.内侧　d.逐渐收小的顶部　e.基座的剖面　f.半轴图 A　g.柱础平面图　h.柱础的剖面图　i.中梃

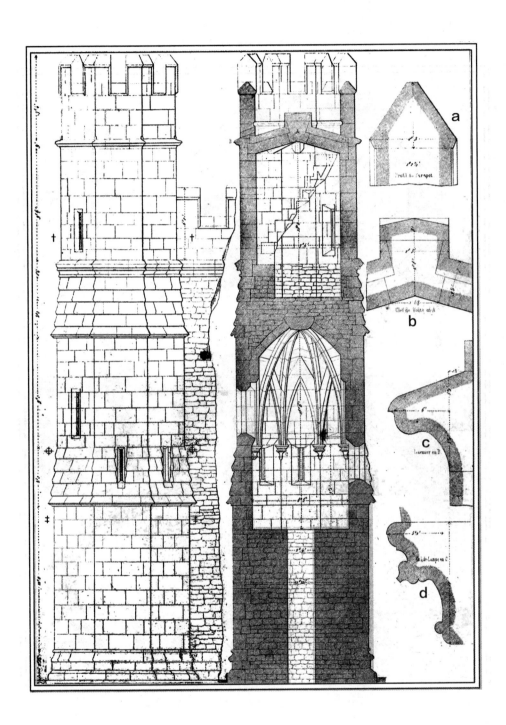

威尔士主教宫小塔楼的主视图、剖面图和细节：a. 胸墙　b. 拱顶石 A　c. 挑檐 B　d. 挑檐 C

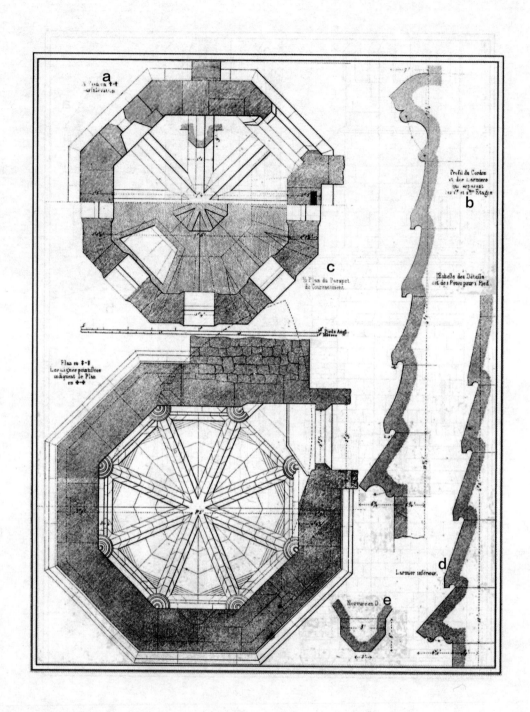

威尔士主教宫西南小塔楼的各层平面图和细节：a. 一半垂直投影一半平面图　　b. 束带层和挑檐　　c. 环绕的护墙　　d. 下面挑檐　e. 肋 D

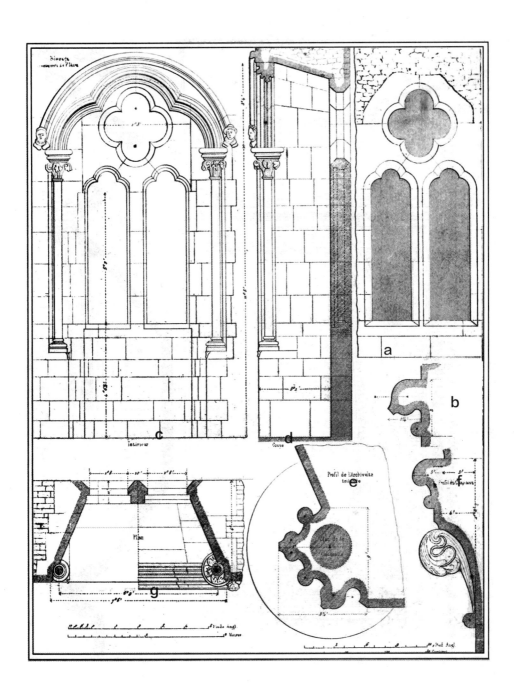

威尔士主教宫主长廊窗户的立面、平面和剖面和细节：a.外侧　b.挑檐　c.内侧　d.剖面　e.三叶形拱饰　f.柱头　g.平面图

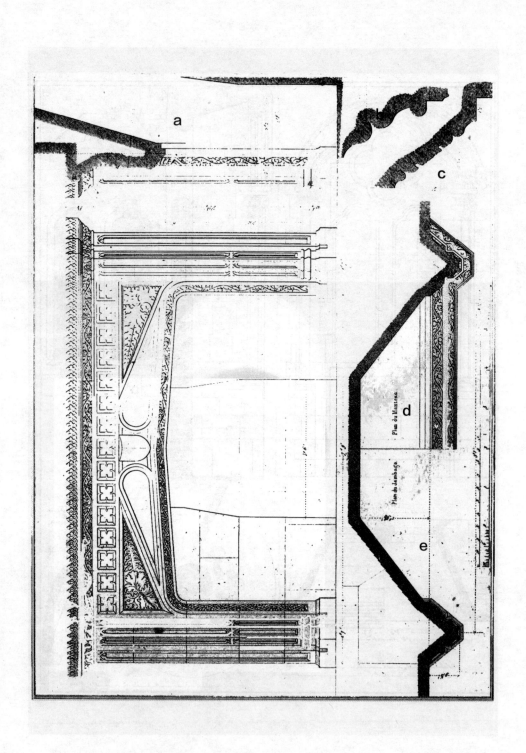

威尔士主教宫前厅壁炉的立视图、平面图、剖面图和细节：a. 剖面图　b.B 剖面　c.A 剖面　d. 壁炉台　e. 侧壁

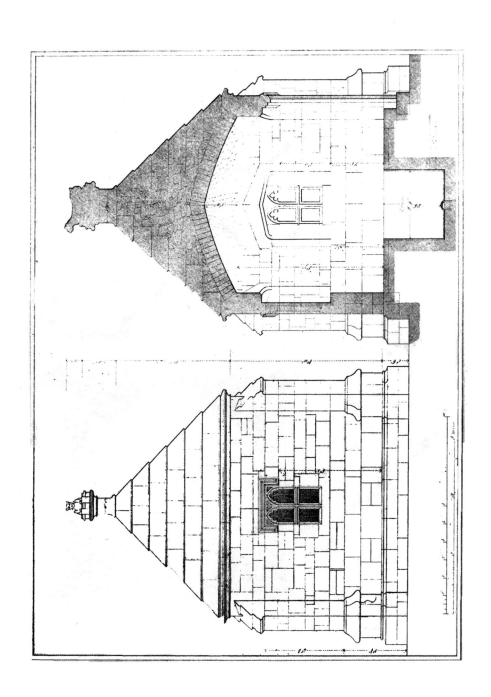

威尔士主教宫小楼阁的立视图和剖面图

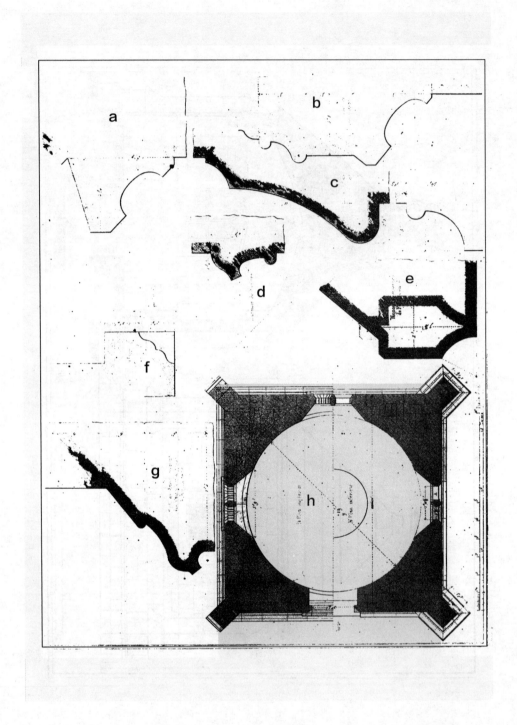

威尔士主教宫小楼阁的平面图和细节图：a.上楣　b.托柱　c.扶垛基座　d.窗挑檐　e.A剖面　f.侧壁　g.顶部剖面　h.上层平面图　i.下层平面图

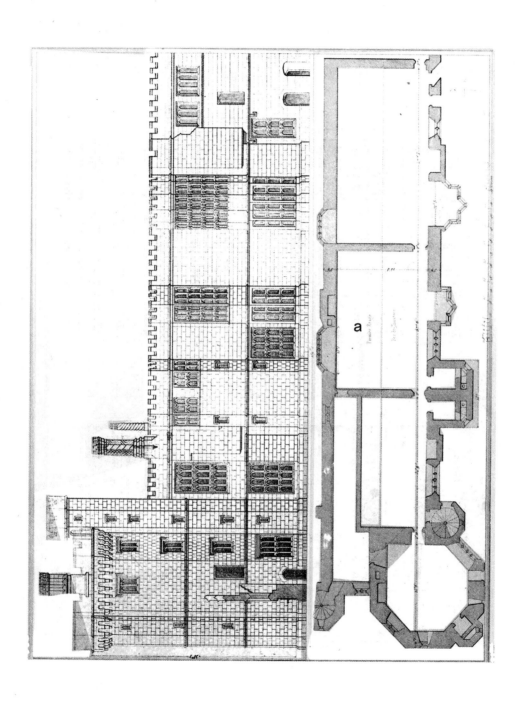

格洛斯特郡索恩伯里城堡南侧的立面和平面图：a. 第一层

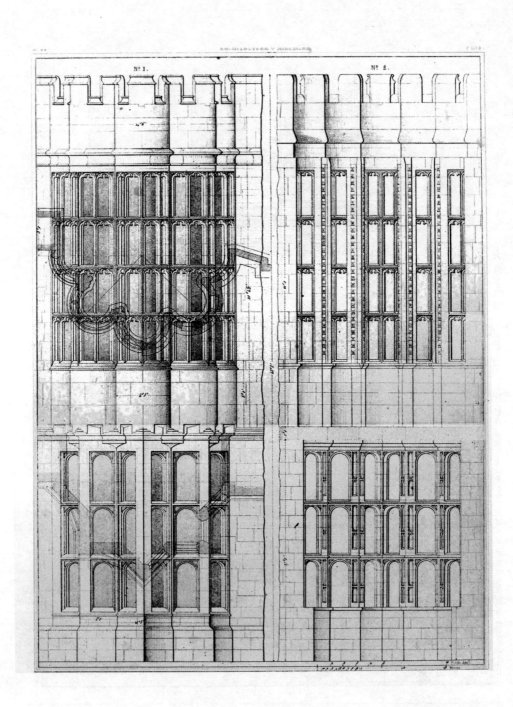

格洛斯特郡索恩伯里城堡大厅南侧立面上方凸出的一对窗户、内侧立面和外侧立面

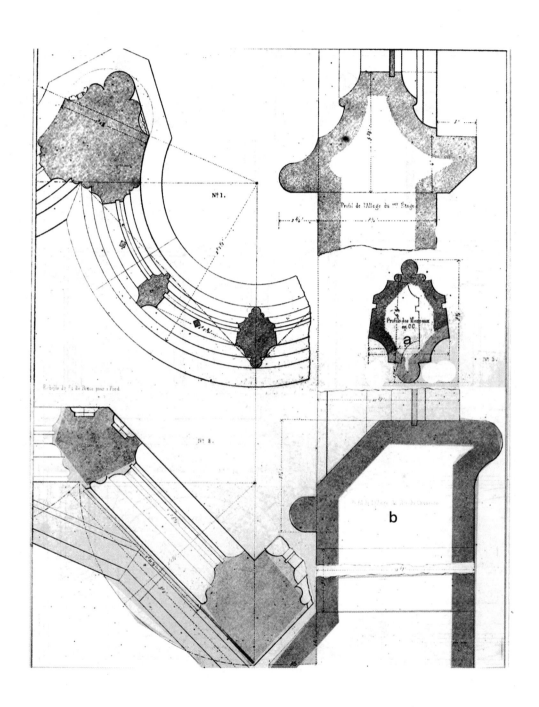

格洛斯特郡索恩伯里城堡南侧立面二层凸出窗户的细节：a.C-C 中梃　b.马路的斜坡

格洛斯特郡索恩伯里城堡南侧立面另一个窗户的细节：a. 墙的盖顶　b. 上面的滴水石　c. 下面的滴水石板
d. 外侧　e. 内侧

格洛斯特郡索恩伯里城堡南侧回廊的大门、凸肚窗的立面和剖面：a. 纵向墙线　b. 凸肚窗　c. 平面图 B　d. 平面图 A

格洛斯特郡索恩伯里城堡大厅壁炉的立面、剖面和细节：a.侧柱 A b.线脚 B c.上楣 C d.墙线 e.柱脚的线脚 D

格洛斯特郡索恩伯里城堡西南角的八边形塔楼的堞眼细节：a. 立面

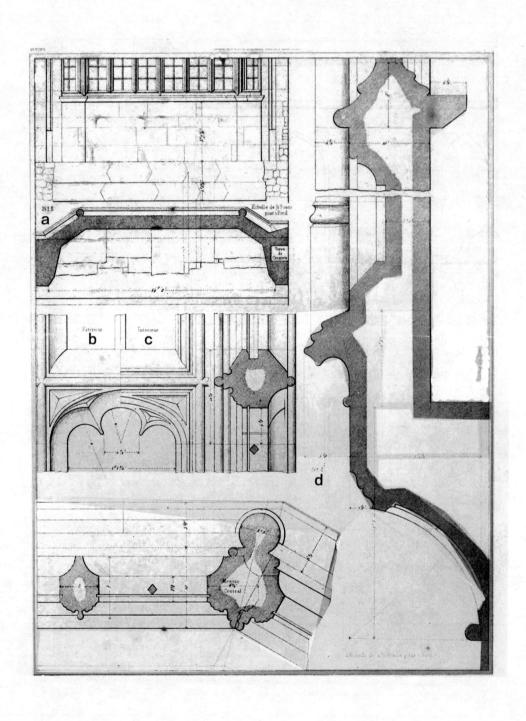

格洛斯特郡索恩伯里城堡凸肚窗的细节：a. 平面图和内侧立面图 b. 外侧 c. 内测 d. 装饰细节的放大

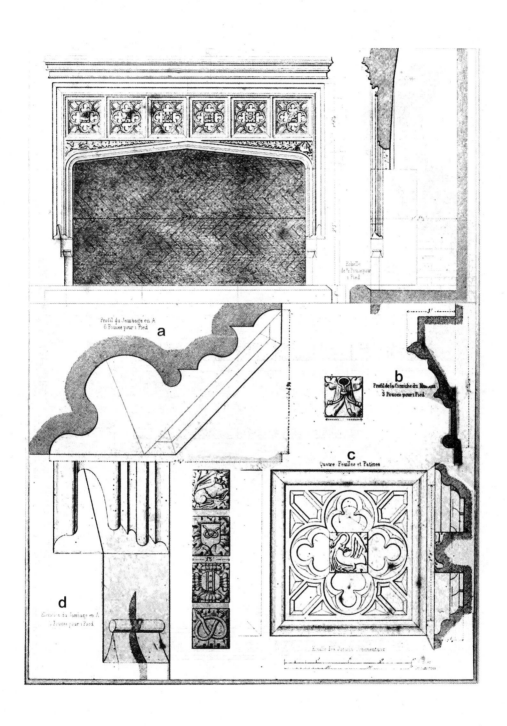

格洛斯特郡索恩伯里城堡大厅旁边房间壁炉的立面、剖面和细节：a.侧柱A　b.上楣线脚　c.方形四叶装饰　d.A侧柱的立面

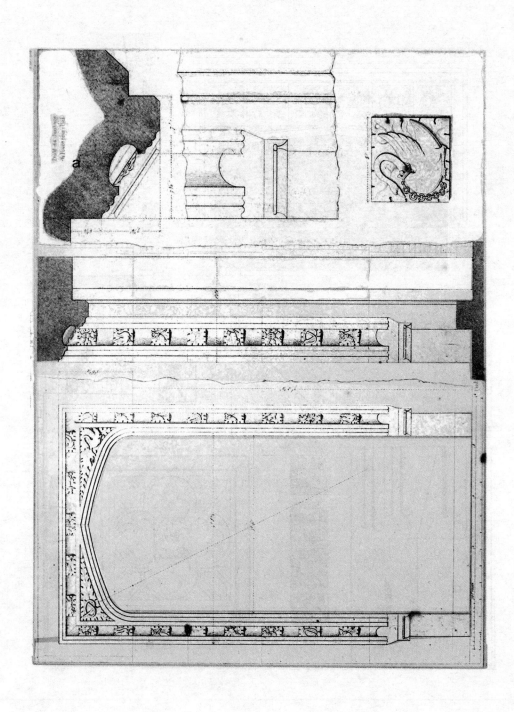

格洛斯特郡的索恩伯里城堡大门内侧的豪华装饰：a. 侧壁柱

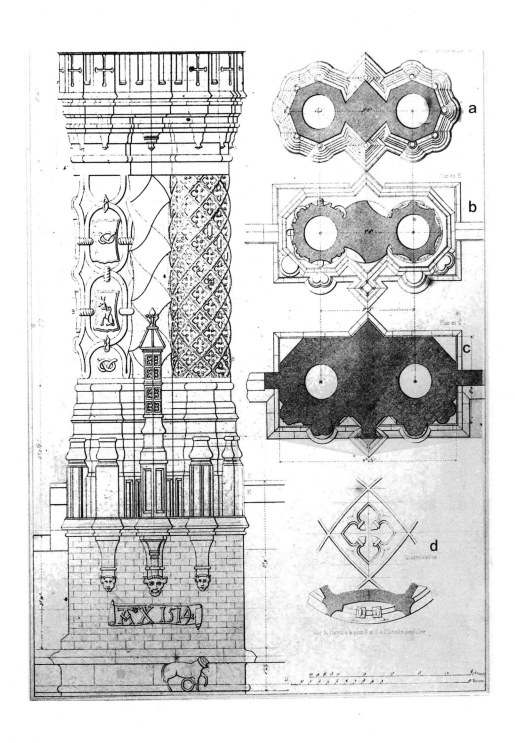

格洛斯特郡索恩伯里城堡向着北面的砖砌的烟囱、基座立视图和平面图：a. 平面图 A　b. 平面图 B　c. 平面图 C　d. 四叶饰

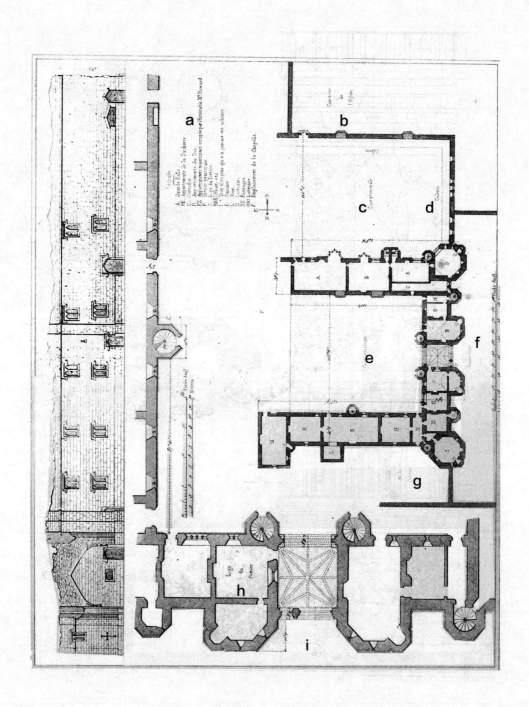

格洛斯特郡索恩伯里城堡总平面图、立面图、办公室的平面图（院子内侧南面的）主入口的通道和附属建筑的平面图：a.A: 大厅　BB: 公爵夫人套房　C: 走廊　D: 公爵套房　EE: 霍华德现在的套房　F: 主入口　C: 看门人住所　HHH: 办公室　I: 八角塔楼　K: 厨房　L: 烤炉　M: 乳品房　NN: 通道　OOO: 厕所　P: 房间的遗址　b. 墓地　c. 主庭院　d. 走廊　e. 内侧庭院　f. 厨房庭院　g. 下层庭院　h. 看门人住所　i. 主入口

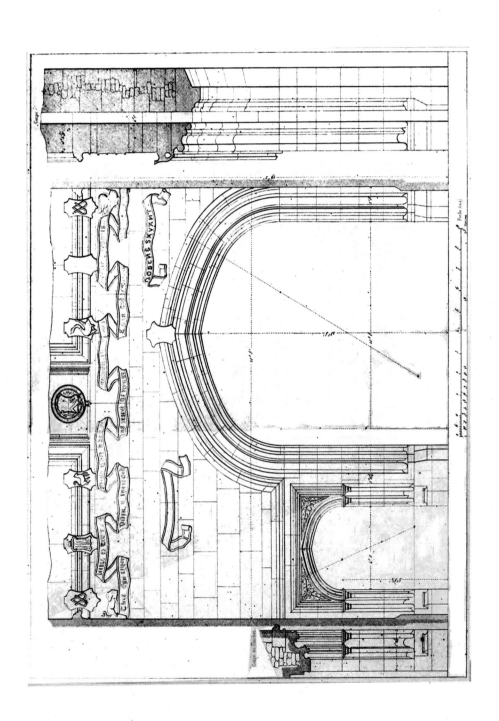

格洛斯特郡索恩伯里城堡入口和旁边小门的立面和剖面（西面）

格洛斯特郡索恩伯里城堡位于北面的大凸肚窗的立面、剖面和平面：a. 地面

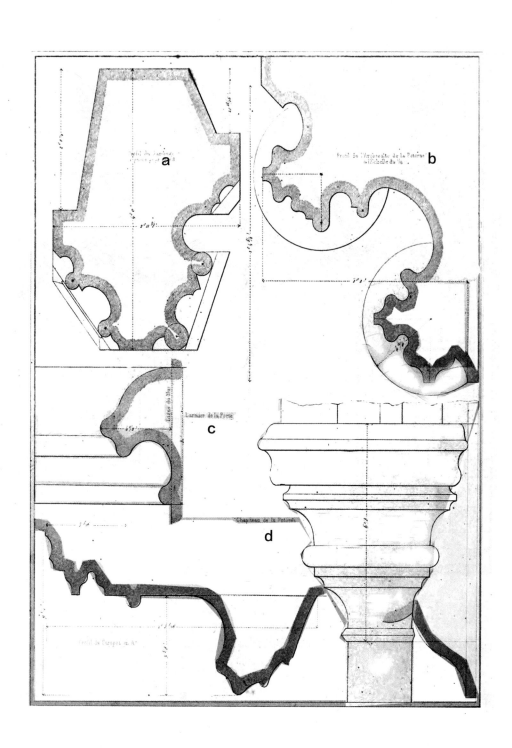

格洛斯特郡索恩伯里城堡西侧边门入口的细节：a. 侧柱　b. 拱门缘饰　c. 入口的滴水石柱头　d. 护墙 A

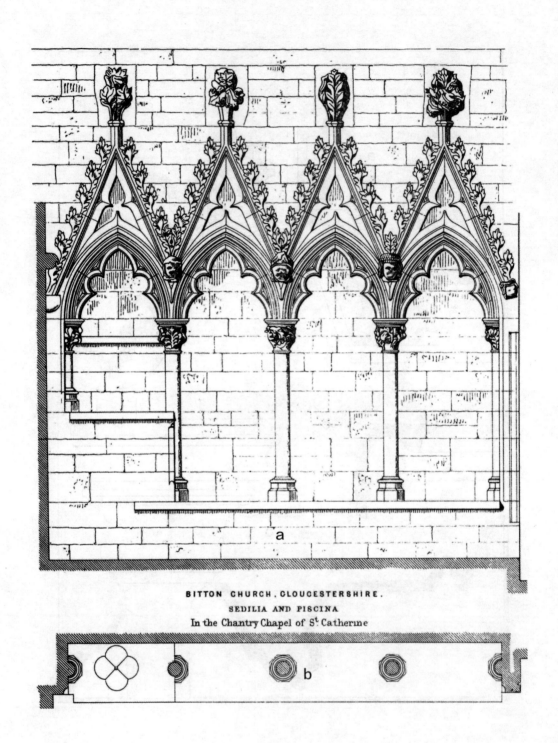

BITTON CHURCH, GLOUCESTERSHIRE.
SEDILIA AND PISCINA
In the Chantry Chapel of St Catherine

格洛斯特郡比东教堂：a. 圣凯瑟琳小教堂牧师席及排水石盆　　b. 波贝克大理石柱子

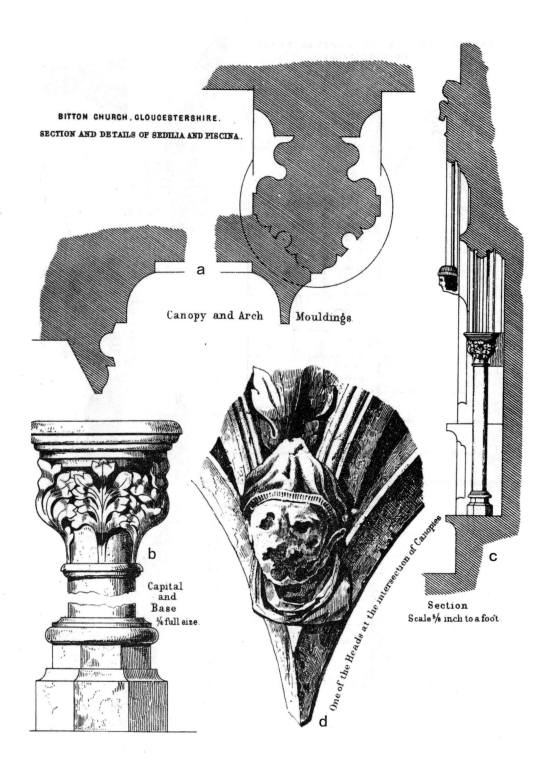

BITTON CHURCH, GLOUCESTERSHIRE.
SECTION AND DETAILS OF SEDILIA AND PISCINA.

a

Canopy and Arch Mouldings.

b

Capital
and
Base
¼ full size.

c

Section
Scale ⅝ inch to a foot.

One of the Heads at the intersection of Canopies

d

格洛斯特郡比东教堂牧师席、排水石盆剖面和细部：a. 顶部及拱线脚　b. 柱头和柱础　c. 剖面　d. 顶棚交汇处头像之一

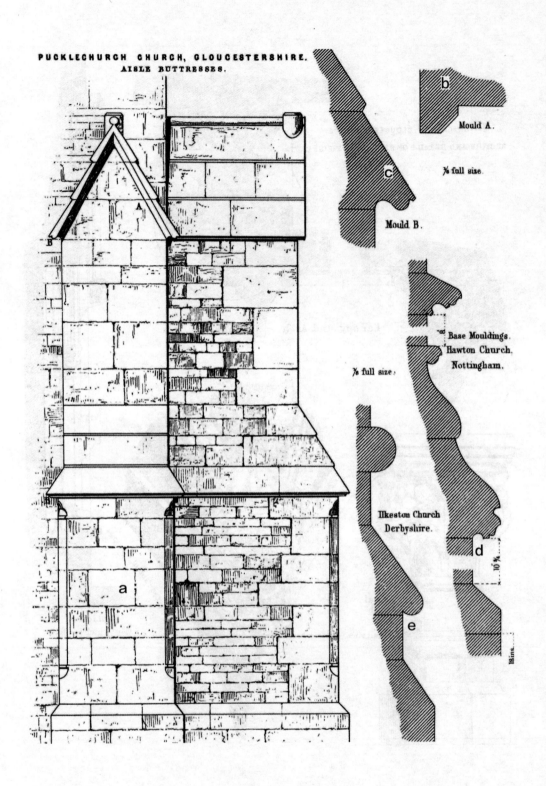

格洛斯特郡帕克莱切奇教堂：a. 侧廊扶壁　　b.A 处线脚　　c.B 处线脚诺丁汉霍顿教堂：d. 柱础线脚　　e. 德比郡
伊尔基斯顿教堂

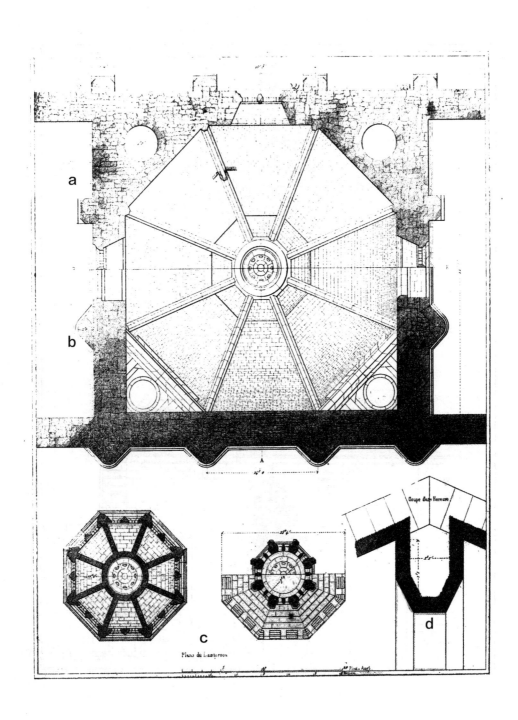

森麻实郡格拉斯顿伯里修道院院长的炊事房各个平面图：a. 高处的平面图　b. 地面一层平面图　c. 顶塔的平面图
d. 肋的剖面图

西侧立面

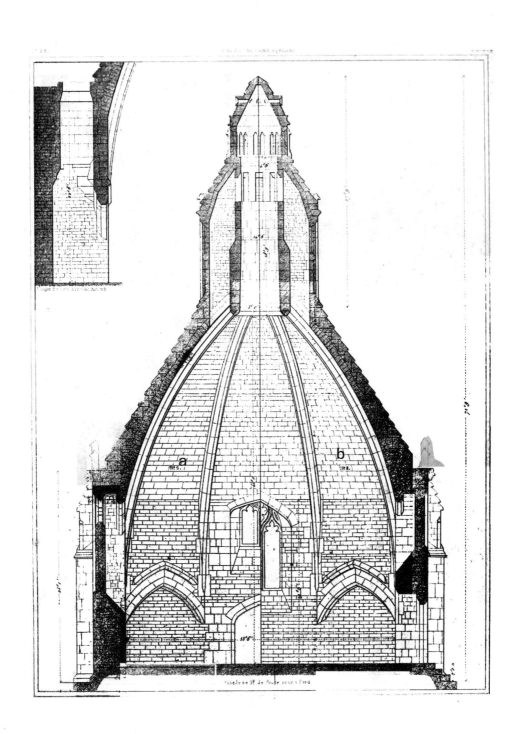

a.沿 A－A 线的剖面　　b.沿 B－B 线的剖面

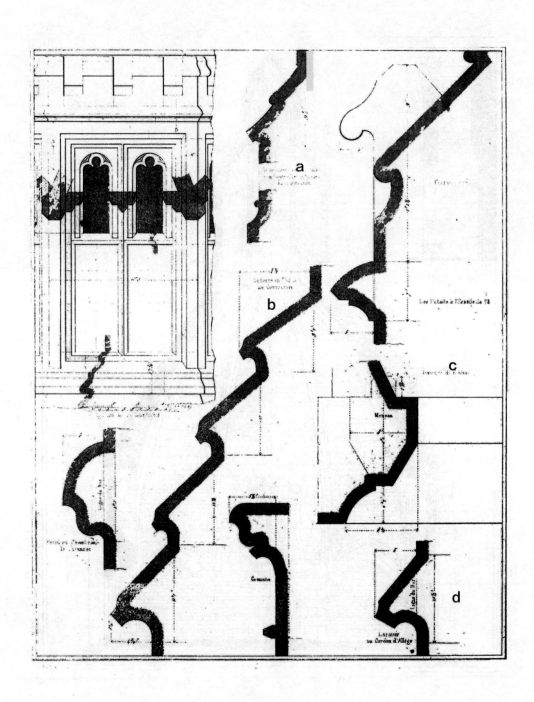

森麻实郡格拉斯伯里修道院炊事房的细节：a. 顶部 　 b. 弧齿形斜坡 　 c. 侧柱 　 d. 挑檐

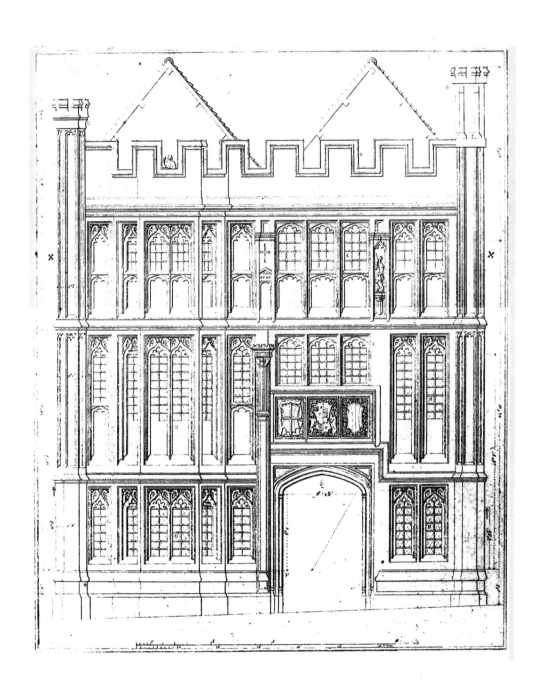

格拉斯伯里修道院的圣乔治客栈外立面

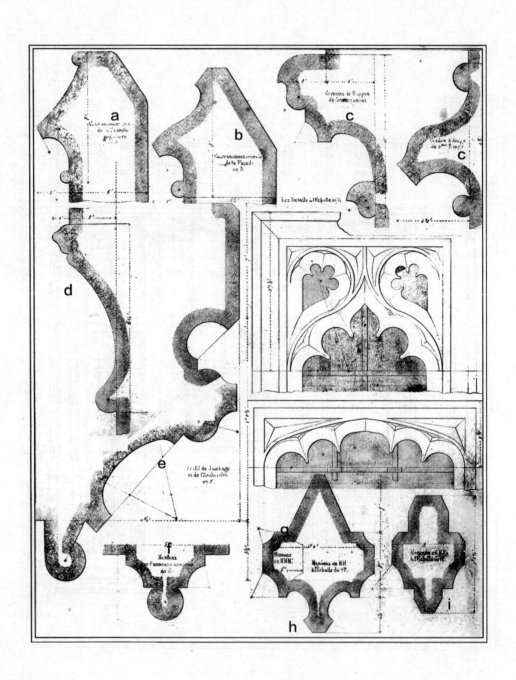

格拉斯伯里修道院圣乔治客栈外立面的细节：a.顶饰 A   b.顶饰 B   c.上楣   d.小塔楼的上楣   e.侧柱   f.C 中梃   g.中梃 NNN   h.中梃 HH   i.窗子中梃 EK

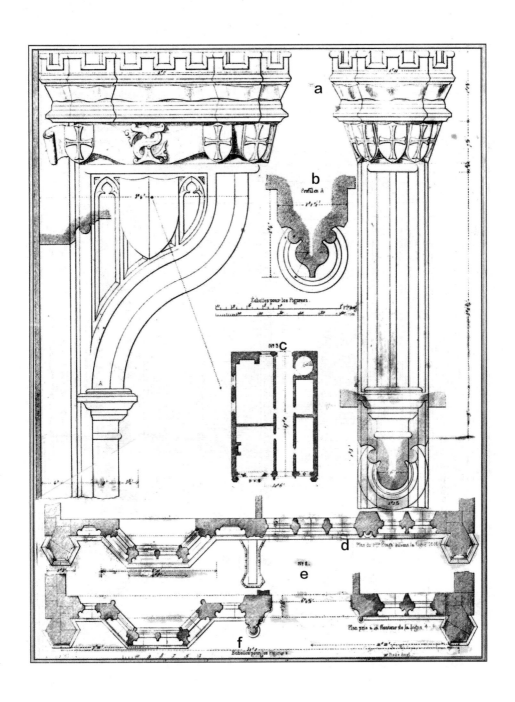

格拉斯伯里修道院的圣乔治客栈：a.侧面立视图 b.A 剖面 c.建筑地面一层的总平面图 d.二层平面图 e.一层二层建筑外面的平面图 f.一层平面图

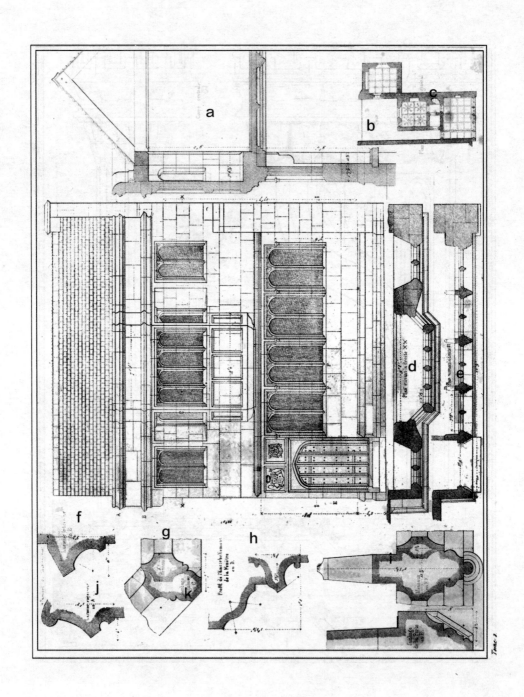

格拉斯伯里法院建筑外立面的立视图、剖面图、细节和建筑的地面一层的总平面图：a. 中心剖面图　b. 庭院
c. 主平面图　d. 右面的平面图　e. 左面的平面图　f. 下层挑檐　g. 中梃　h.D 剖面　i. 中梃 FF　j. 上层挑
檐　k. 侧柱　l. 侧柱 E

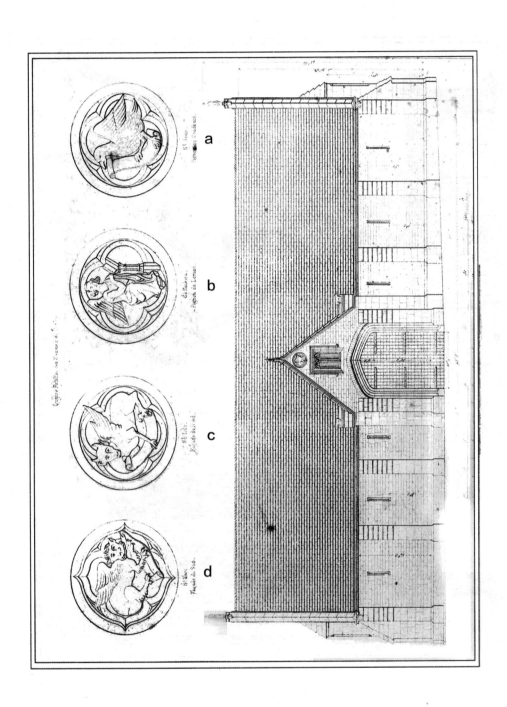

格拉斯伯里修道院的谷仓南立面：a. 西山墙装饰　b. 东边山墙装饰　c. 北山墙装饰　d. 南山墙装饰

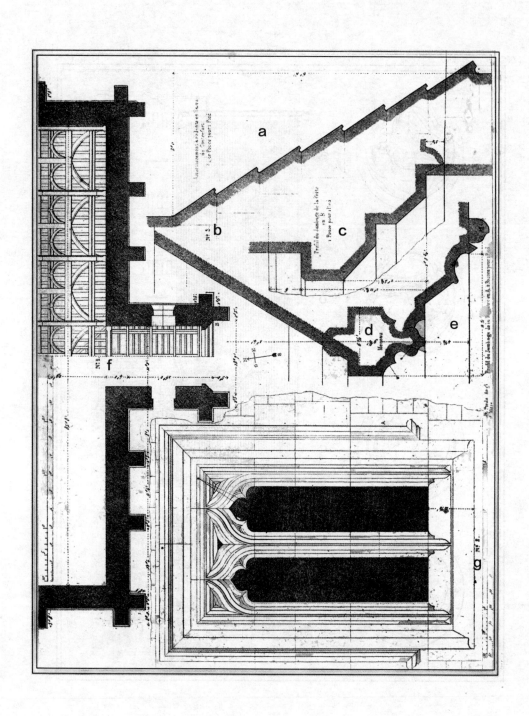

格拉斯伯里修道院的谷仓：a. 屋顶斜坡　　b. 南立面的细节　　c. 侧壁 B　　d. 中梃　　e. 侧柱 A　　f. 谷仓顶楼平面图　　g. 窗户

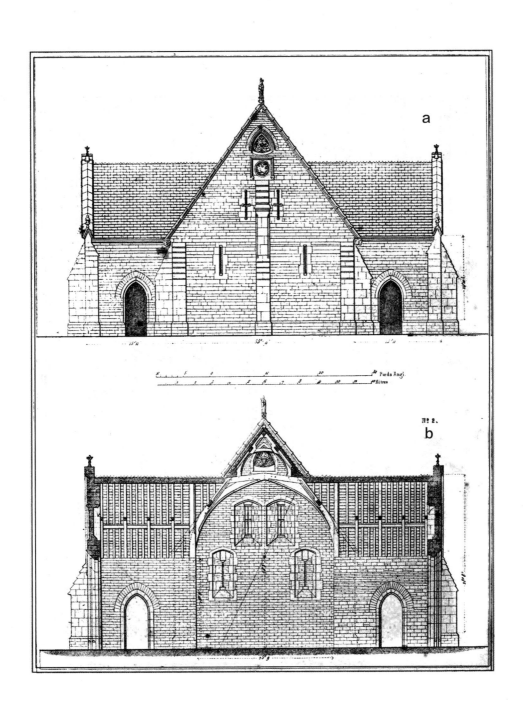

格拉斯伯里修道院的谷仓：a. 西立面　b. 中心线剖面图

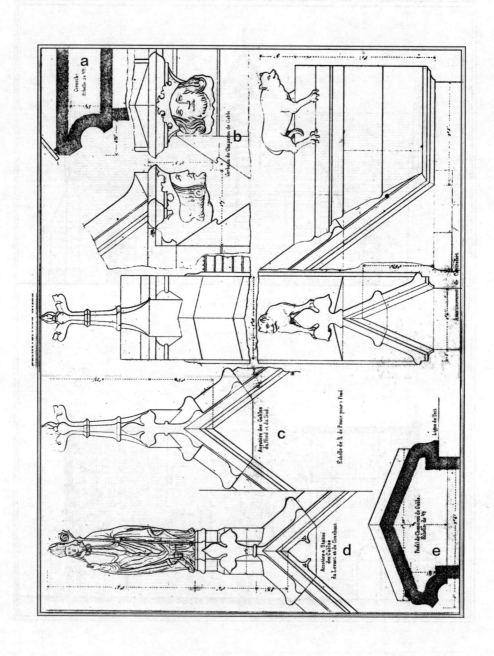

格拉斯伯里修道院的谷仓表面的装饰细节：a. 檐口　b. 大三角楣的梁托　c. 北面和南面的三角楣顶装饰　d. 三角楣顶尖的装饰雕塑　e. 墙的盖顶

格拉斯伯里修道院的谷仓山墙的细节：a.上楣 A　b.枪眼

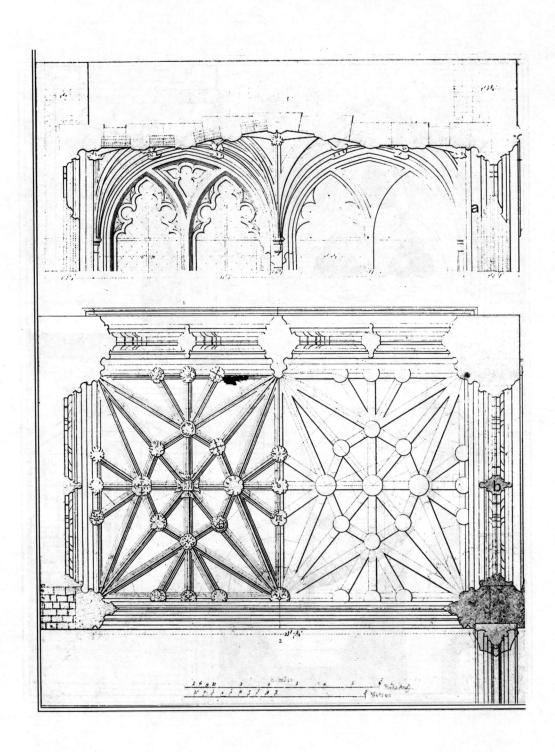

肯特郡的埃尔特姆伯爵宫殿大厅：a. 对窗　b. 肋挟

肯特郡的艾尔特姆伯爵宫：a. 捐赠人大厅的纵剖面

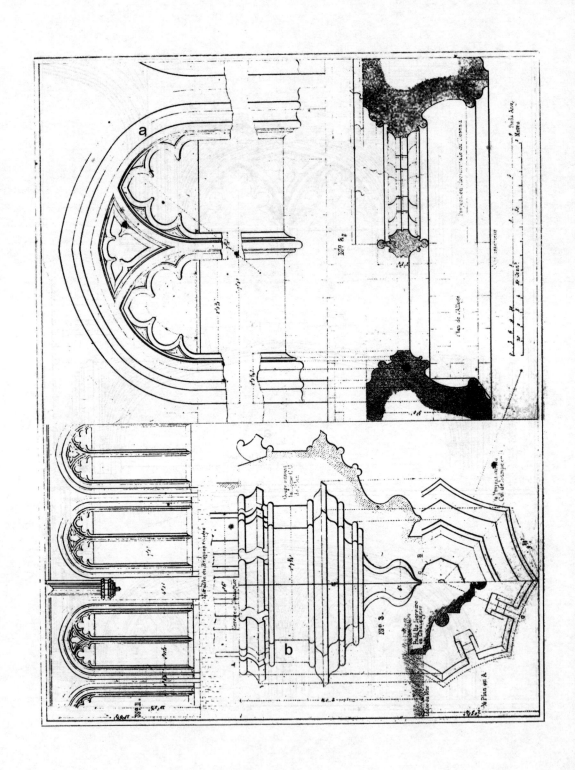

肯特郡的艾尔特姆伯爵宫殿大厅：a. 窗三角楣　b. 垂饰

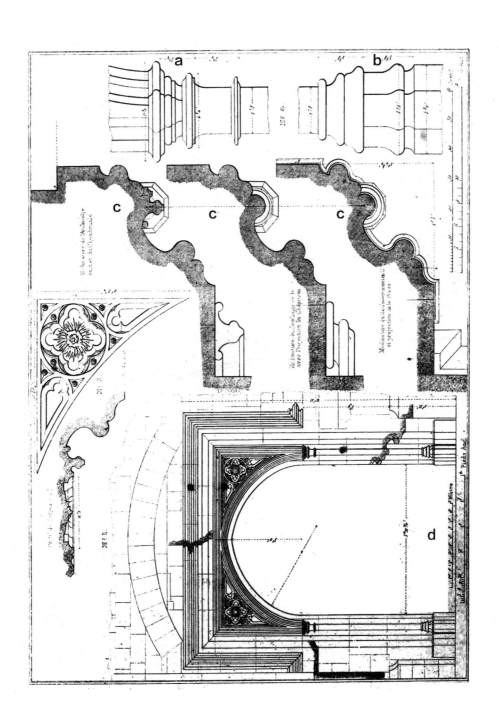

肯特郡艾尔特姆伯爵宫门楣中心和大门的装饰细节：a.柱头　b.侧壁柱基座　c.侧壁柱投影图　d.北大门

肯特郡埃尔埃特伯爵宫大厅屋顶结构的细节：投影水平线（等高线图）

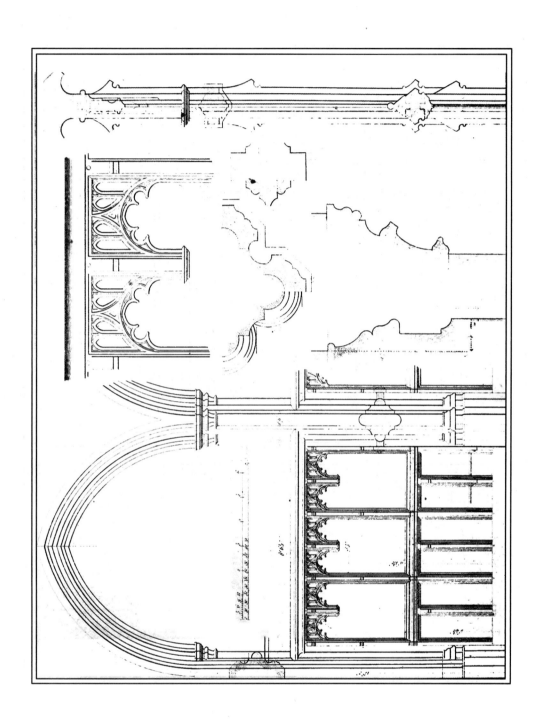

萨里郡贝丁顿教堂主窗立面及细节

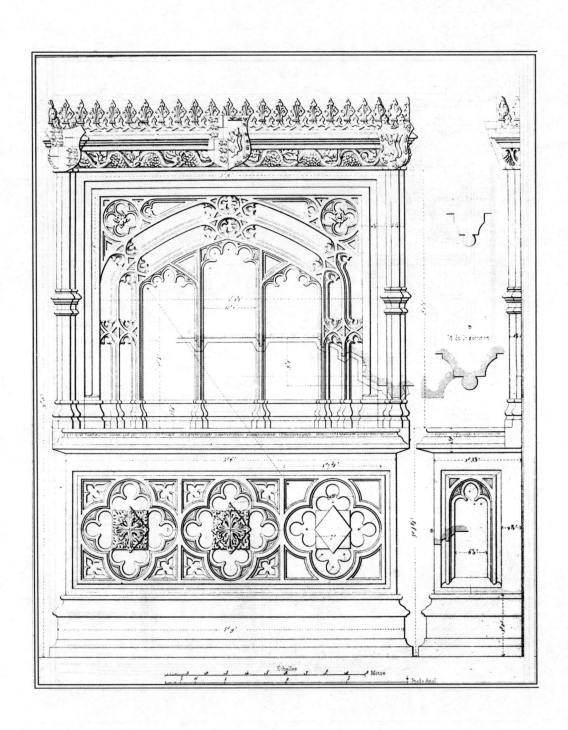

萨里郡贝丁顿教堂门上的金属装饰细节

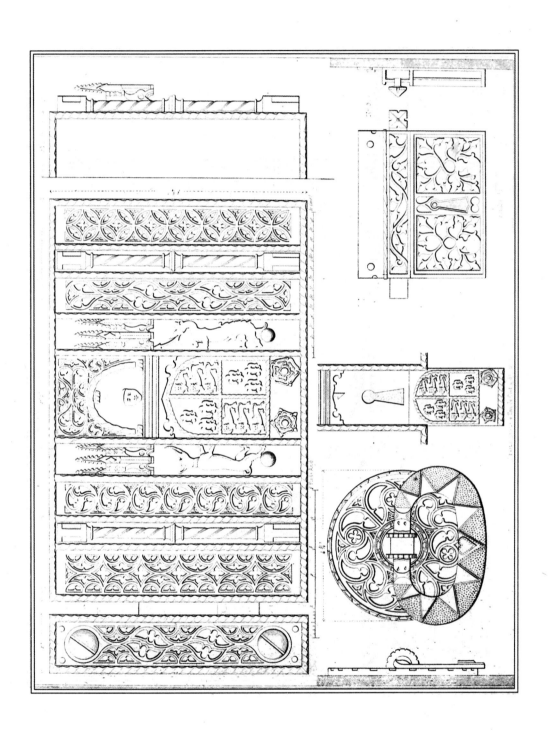

萨里郡贝丁顿教堂门上的金属装饰

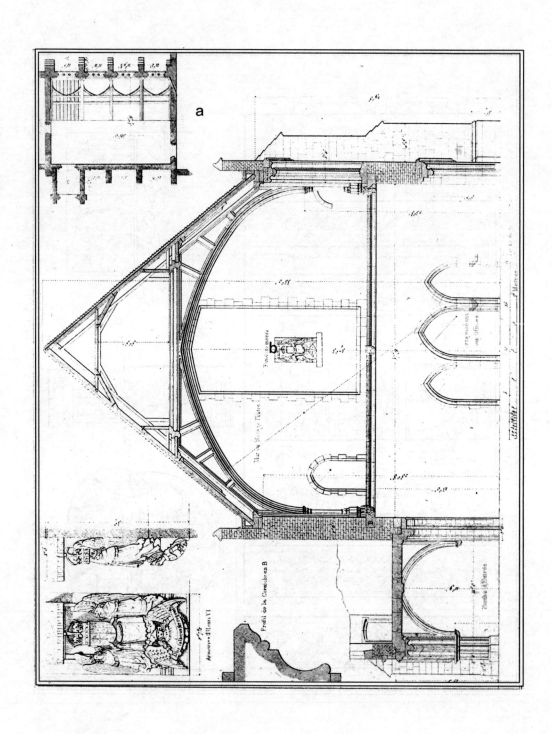

克罗伊登大主教宫的门厅入口：a. 宫殿西侧的宅第　b. 砌死的窗子

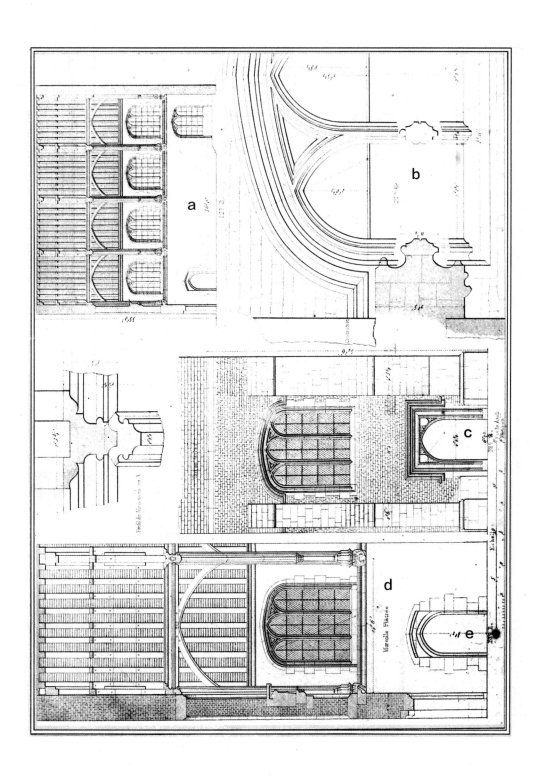

克罗伊登大主教宫的大厅入口：a. 大厅入口的纵切图　b. 门楣中心　c. 开间的外侧的正视图　d. 砌挡墙石膏 e. 开间的内侧的正视图

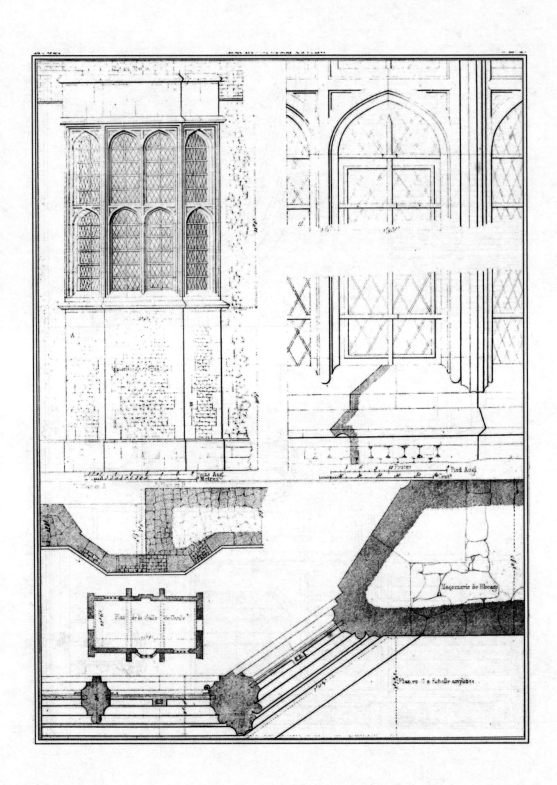

克罗伊登大主教宫南面警卫室的窗户及细节和总体平面图

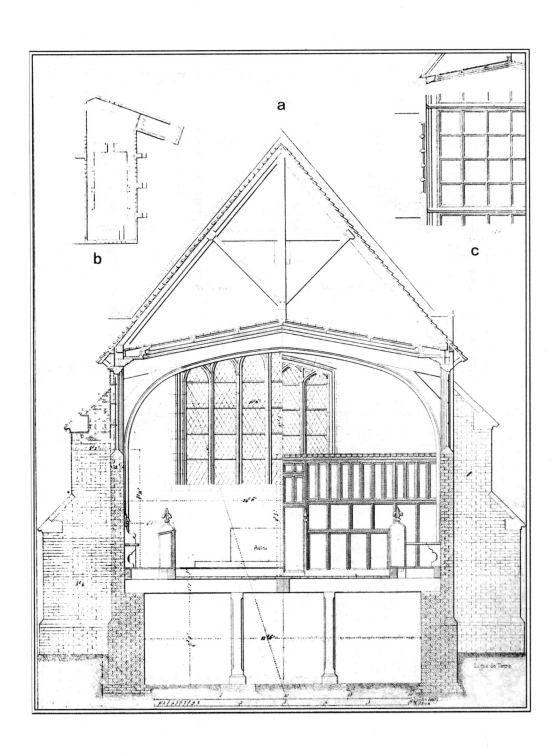

克罗伊登主教宫的礼拜堂：a. 东西两侧截面视图　b. 总平面图　c. 一个梁间距的天花板装饰

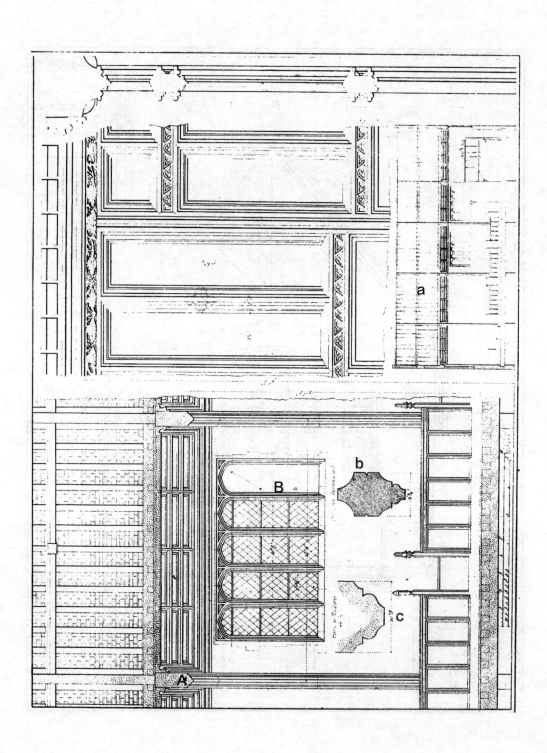

克罗伊登主教宫的礼拜堂：a. 入口的剖面　b. 窗中梃　B 窗中梃的剖面　c. 线脚 A 的剖面

图书在版编目（ＣＩＰ）数据

哥特建筑与雕塑装饰艺术 . 第 1 卷 / 甄影博，曹峻川
编 . -- 南京 ：江苏凤凰科学技术出版社，2018.1
ISBN 978-7-5537-8755-8

Ⅰ . ①哥… Ⅱ . ①甄… ②曹… Ⅲ . ①哥特式建筑 –
建筑艺术 Ⅳ . ① TU-098.2

中国版本图书馆 CIP 数据核字 (2017) 第 292847 号

哥特建筑与雕塑装饰艺术　第1卷

编　　译	甄影博　曹峻川
项 目 策 划	凤凰空间/郑亚男
责 任 编 辑	刘屹立　赵　研
特 约 编 辑	苑　圆

出 版 发 行	江苏凤凰科学技术出版社
出 版 社 地 址	南京市湖南路1号A楼 邮编：210009
出 版 社 网 址	http://www.pspress.cn
总 经 销	天津凤凰空间文化传媒有限公司
总 经 销 网 址	http://www.ifengspace.cn
印　　刷	北京建宏印刷有限公司

开　　本	710 mm×1000 mm　1/8
印　　张	36
字　　数	144 000
版　　次	2018年1月第1版
印　　次	2023年3月第2次印刷

标 准 书 号	ISBN 978-7-5537-8755-8
定　　价	178.00元

图书如有印装质量问题，可随时向销售部调换（电话：022-87893668）。